BIM 技术及 Revit 建模

主　编　杨明宇　廖汉超　王　春

副主编　袁医娜　李　丹　黄筑强

北京理工大学出版社
BEIJING INSTITUTE OF TECHNOLOGY PRESS

内 容 简 介

本书讲解了运用 Revit 软件创建民用建筑模型的全过程。全书共 16 章，主要内容包括：第 1 章介绍了当前建筑行业信息化中 BIM 的概念、背景，它在建筑产业链各阶段的应用情况及目前流行的 BIM 建模软件；第 2 章讲解 Revit 2020 软件的基本功能和组成，包括软件的基本术语、基本功能、启动界面和工作界面；第 3 章讲解了建模过程会使用到的包括文件、视图、绘制工具、编辑工具的基本操作内容和方法。

本书的主体以一栋民用建筑为例，根据建筑的基本要素，从第 4 章至第 16 章，分章分节地讲解创建模型的具体步骤、方法和技巧，从而最终实现整栋楼的三维模型，包括标高与轴网、基础、柱、梁、板、天花、墙、屋顶、楼梯、坡道、门、窗、场地、场地构件、族、内建模型，以及模型的标注、出图、渲染、漫游和形成不同格式文件的导出。

本书可作为高等院校土建类专业信息化应用课程的教材，也可作为相关从业人员的参考用书。

图书在版编目（CIP）数据

BIM 技术及 Revit 建模/杨明宇，廖汉超，王春主编
. —北京：北京理工大学出版社，2021.11
ISBN 978 - 7 - 5763 - 0683 - 5

Ⅰ.①B… Ⅱ.①杨… ②廖… ③王… Ⅲ.①建筑设计 - 计算机辅助设计 - 应用软件 Ⅳ.①TU201.4

中国版本图书馆 CIP 数据核字（2021）第 231967 号

出版发行／北京理工大学出版社有限责任公司
社　　址／北京市海淀区中关村南大街 5 号
邮　　编／100081
电　　话／（010）68914775（总编室）
　　　　　（010）82562903（教材售后服务热线）
　　　　　（010）68944723（其他图书服务热线）
网　　址／http：//www.bitpress.com.cn
经　　销／全国各地新华书店
印　　刷／北京紫瑞利印刷有限公司
开　　本／787 毫米×1092 毫米　1/16
印　　张／15.5
字　　数／366 千字
版　　次／2021 年 11 月第 1 版　2021 年 11 月第 1 次印刷
定　　价／74.00 元

责任编辑／江　立
责任校对／刘亚男
责任印制／李志强

目前，在中国社会和各行业正朝着信息化、数字化、智能化急速迈进的时代背景下，建设行业的信息化改造也面临着前所未有的压力和发展机遇。建设行业信息化的前提是建设全过程数据的数字化，因为数据只有数字化后，才能在后期进行各种信息化应用。建筑信息模型（BIM）正是在这种行业背景下被推出并得到大规模应用的。在建设行业各领域中，用于创建 BIM 模型的专业软件有很多，比如，在 BIM 网络环境下，拥有大量专业建模工具的 Bentley；用于室内装饰的 3d Max 和 MAYA；拥有强大曲面建模功能的 Alias；钢结构设计建模软件 Tekle；桥梁设计建模软件 OpenBridge Modeler；以及用于算量造价的建模软件斯维尔与广联达等。但是，能够被建设行业广泛认可并普遍使用的是 Autodesk 公司的 Revit 建模软件。目前，该软件已经升级了十几版，并推出了最新的 2020 版。本书以 Revit 2020 软件为对象，精心为建设专业人士，包括高校建筑各专业的在校学生和建设企业从事 BIM 领域工作的专业人员编写了建模指导教材。因为本书的定位是 Revit 软件的基本建模学习，而不是软件的高级应用学习；所以，本书在组织和编写上完全以从未使用过 Revit 软件的学习者角度带领初学者一步步不断认识软件和学习软件的各种功能操作。

本书的特色主要体现在以下几个方面：

（1）体系全，本书包括了完整的建筑体系和软件体系。

本书完全涵盖了一栋建筑物所必须的建筑构件及要素的基本建模方法，包括轴网、标高、基础、柱、梁、板、墙、门、窗、幕墙、楼梯、坡道、栏杆扶手、场地及构件、内建模型、标注、渲染、漫游及出图，从而完成了一整套建筑体系的讲解。同时根据软件的菜单项，结合具体操作步骤，深入浅出地讲解和演示软件的各项功能按钮及具体使用功能。

（2）一步一步，手把手地指导建模。

本书完全以建模软件初学者的角度，详细介绍在实现某一建模方法时，第一步需要进行哪些软件操作？第二步需要进行哪些软件操作？一步步指引学习者按照具体步骤完成该构件或要素的建模操作。

（3）每一步功能操作均配属软件的按钮截图。

通常，软件学习者在理解建模方法和操作步骤后，需要在软件上花费大量的时间摸索并寻找具体的功能操作按钮进行相应操作。本书在讲解功能操作步骤的同时，直接匹配该操作对应的软件按钮截图，让学习者将功能操作与软件按钮直接关联起来，从而节省摸索软件和建立关联的大量时间。

（4）紧紧围绕一栋建筑物的施工图展开建模讲解、操作实训和综合运用。

本书以自带的一套完整建筑施工图为目标对象，无论是建模方法的讲解还是章后的实训操作，以及课后的软件综合运用，都将紧紧地围绕着该栋建筑物的构件和要素来进行。力图通过统一的建筑物目标，让学生能够全面地掌握一栋建筑物的基本建模方法，并最终能够创建出一套完整的建筑 BIM 模型，完成相应的课程考核成果与要求；甚至配合相应的课程设计目的，实现以本书为指导的课程设计教学要求。

（5）穿插了众多的小技巧。

编者通过总结多年使用 Revit 软件的实践经验，在讲解基本建模方法的步骤中，添加了很多有别于通常操作的小创意和小技巧，使其能够方便快捷地实现建模目的。通过小技巧，让学习者认识到软件的运用和操作并不是呆板和固化的。使用者完全可以在掌握基本操作方法的基础上，灵活运用，通过感悟和总结开发出属于自己的软件技能和技巧。

然而，学习者应该很清楚的认识到：任何一本教程都不可能面面俱到地把软件的功能、界面、参数以及按钮一一讲全，毕竟教程不是软件说明书或软件字典，教程的组织与编排是具有教学目的和相应结构体系的。本书的目的就是指导学习者掌握一栋完整建筑物的基本建模方法和操作，同时，Revit 软件的操作和实训并不会涉及到太多高深的专业理论；因此，要想真正熟练运用这门软件，必须在理解和掌握软件的基本框架和功能后，通过大量的练习和综合应用来不断熟悉和加深对 Revit 软件的操作与感悟，从而开发出众多专属于自己的软件技能。

对于购买本书的使用者，编者团队致以最诚挚的谢意，感谢您对我们的信任与支持，使用者的满意一直是我们无限追求的最终目标。然而，尽管编者团队满怀激情，全力以赴地精心组织和编写了本书，但是限于水平，在很多方面仍然不能完全满足学习者的需求，在此，我们表示深深的歉意，希望能够通过后期的版本更新来弥补这种不足。Revit 软件版本的更新速度非常快，我们承诺将紧紧追随这种更新速度，在 Revit 软件的建模方法、界面、内容发生重大变化更新版本时，及时按照新版的方法、界面、内容对本书进行修改和完善，力图使本书与软件同步，与时俱进。因为，更新和发展是社会和行业的主旋律，更是软件和软件教学的生存之道。

编者团队

第1章　BIM 概述 ……………………………………………………………………… (1)

1.1　BIM 概念及特点 ………………………………………………………………… (1)

1.1.1　BIM 的基本概念 …………………………………………………………… (1)

1.1.2　BIM 的特点 ………………………………………………………………… (2)

1.2　BIM 的作用 ……………………………………………………………………… (3)

1.2.1　BIM 发挥着信息共享的作用 ……………………………………………… (3)

1.2.2　BIM 发挥着信息集成的作用 ……………………………………………… (3)

1.2.3　BIM 发挥着可视化沟通的作用 …………………………………………… (4)

1.3　BIM 技术的发展 ………………………………………………………………… (4)

1.3.1　BIM 技术的发展历史 ……………………………………………………… (4)

1.3.2　BIM 技术的发展趋势 ……………………………………………………… (5)

1.4　BIM 技术在建筑领域的应用 …………………………………………………… (6)

1.4.1　BIM 技术在规划阶段的应用 ……………………………………………… (6)

1.4.2　BIM 技术在设计阶段的应用 ……………………………………………… (7)

1.4.3　BIM 技术在施工阶段的应用 ……………………………………………… (8)

1.4.4　BIM 技术在运营维护阶段的应用 ………………………………………… (8)

1.5　BIM 主流软件 …………………………………………………………………… (8)

第2章　Revit 2020 软件基础 ……………………………………………………… (10)

2.1　Revit 2020 软件基本功能 ……………………………………………………… (10)

2.2　Revit 2020 软件基本术语 ……………………………………………………… (11)

2.3　Revit 2020 软件启动界面 ……………………………………………… (12)

2.4　Revit 2020 软件工作界面 ……………………………………………… (13)

第3章　Revit 2020 软件基本操作 ……………………………………… (19)

3.1　项目文件的操作 ………………………………………………………… (19)

3.1.1　新建项目文件 …………………………………………………… (19)

3.1.2　设置项目文件 …………………………………………………… (21)

3.1.3　保存项目文件 …………………………………………………… (22)

3.2　模型视图的操作 ………………………………………………………… (24)

3.2.1　项目浏览器 ……………………………………………………… (24)

3.2.2　视图的浏览 ……………………………………………………… (24)

3.2.3　使用 ViewCube ………………………………………………… (26)

3.3　绘制工具的操作 ………………………………………………………… (27)

3.3.1　指定工作平面 …………………………………………………… (27)

3.3.2　绘制各种模型线 ………………………………………………… (28)

3.4　编辑工具的操作 ………………………………………………………… (33)

3.4.1　移动图元 ………………………………………………………… (33)

3.4.2　旋转图元 ………………………………………………………… (34)

3.4.3　复制图元 ………………………………………………………… (34)

3.4.4　调整图元 ………………………………………………………… (36)

第4章　标高与轴网 …………………………………………………… (39)

4.1　标高 ……………………………………………………………………… (39)

4.1.1　手动绘制标高 …………………………………………………… (41)

4.1.2　拾取线绘制标高 ………………………………………………… (42)

4.1.3　利用阵列绘制标高 ……………………………………………… (43)

4.1.4　利用复制绘制标高 ……………………………………………… (43)

4.2　建筑标高与结构标高的绘制 …………………………………………… (44)

4.2.1　建筑标高与结构标高的转换设置 ……………………………… (44)

4.2.2　楼层平面的手工设置 …………………………………………… (45)

4.2.3　结构楼层平面的手工设置 ……………………………………… (46)

4.3　轴网的绘制步骤 ………………………………………………………… (47)

第5章　基础设计 ……………………………………………………… (54)

5.1　Revit 的基础类型 ……………………………………………………… (54)

5.1.1 独立基础 ·· (55)

5.1.2 用墙基础绘制条形基础 ·· (55)

5.1.3 用板基础绘制筏板和箱型基础 ····························· (55)

5.2 导入 CAD 图纸 ··· (56)

5.3 单柱独立基础的绘制步骤 ··· (58)

5.4 双柱独立基础族的绘制步骤 ··· (61)

5.5 基础底部分布筋的绘制步骤 ··· (63)

第6章 柱 ··· (68)

6.1 柱的类型 ··· (68)

6.2 建筑柱的绘制步骤 ··· (69)

6.3 结构柱的绘制步骤 ··· (72)

6.4 结构柱的钢筋配置 ··· (75)

第7章 结构梁 ··· (82)

7.1 梁的分类 ··· (82)

7.2 Revit 中梁的种类 ··· (83)

7.3 梁的绘制步骤 ··· (83)

7.4 梁系统的绘制步骤 ··· (87)

第8章 楼板和天花板 ··· (92)

8.1 楼板类别及结构 ··· (92)

8.1.1 一般分类 ·· (92)

8.1.2 Revit 2020 软件中楼板分类 ······································ (93)

8.1.3 楼板的结构 ·· (93)

8.2 建筑楼板的绘制步骤 ·· (94)

8.3 天花板的绘制 ··· (98)

8.3.1 自动创建天花板的步骤 ··· (98)

8.3.2 人工绘制天花板的步骤 ··· (100)

第9章 墙 ··· (104)

9.1 墙体分类 ··· (104)

9.1.1 墙体的一般分类 ·· (104)

9.1.2 Revit 2020 软件中的墙体分类 ···································· (106)

9.2 墙体的设计要求 ··· (107)

9.3 墙的复合 ……………………………………………………………… (108)

   9.3.1 墙体各层的功能 ………………………………………………… (108)

   9.3.2 墙体各层的材质 ………………………………………………… (110)

9.4 建筑墙的绘制步骤 ……………………………………………………… (110)

9.5 墙体的垂直结构修改 …………………………………………………… (112)

9.6 修改墙体 ………………………………………………………………… (114)

9.7 创建零件用于展示 ……………………………………………………… (116)

9.8 叠层墙 …………………………………………………………………… (117)

9.9 结构墙 …………………………………………………………………… (119)

第 10 章 屋顶 ……………………………………………………………… (121)

10.1 屋顶的类型 ……………………………………………………………… (121)

10.2 屋顶的绘制 ……………………………………………………………… (122)

   10.2.1 第一种迹线坡屋顶方法的绘制步骤 ………………………… (122)

   10.2.2 第二种迹线坡屋顶方法的绘制步骤 ………………………… (126)

   10.2.3 拉伸屋顶的绘制步骤 ………………………………………… (128)

10.3 屋顶之间的链接步骤 …………………………………………………… (130)

10.4 老虎窗的绘制步骤 ……………………………………………………… (132)

第 11 章 楼梯与坡道 ……………………………………………………… (136)

11.1 楼梯的组成 ……………………………………………………………… (136)

   11.1.1 楼梯的主要构成 ……………………………………………… (136)

   11.1.2 楼梯的主要参数 ……………………………………………… (139)

11.2 楼梯的形式 ……………………………………………………………… (139)

11.3 楼梯的绘制 ……………………………………………………………… (141)

   11.3.1 楼梯的直接绘制步骤 ………………………………………… (141)

   11.3.2 按草图绘制楼梯的步骤 ……………………………………… (144)

11.4 杠杆与扶手的绘制步骤 ………………………………………………… (147)

11.5 坡道的绘制步骤 ………………………………………………………… (152)

第 12 章 门、窗和玻璃幕墙 ……………………………………………… (155)

12.1 门的种类 ………………………………………………………………… (155)

12.2 门的绘制步骤 …………………………………………………………… (158)

12.3 窗的种类 ………………………………………………………………… (162)

12.4 窗的绘制步骤 …………………………………………………………… (164)

12.5 玻璃幕墙的绘制步骤 …………………………………………………………（166）

第13章 场地与场地构件 …………………………………………………………（174）

13.1 利用添加点创建地形的步骤 …………………………………………………（174）

13.2 通过导入数据方式创建地形的步骤 …………………………………………（178）

13.3 添加建筑地坪 …………………………………………………………………（183）

13.4 创建道路 ………………………………………………………………………（185）

13.5 添加场地构件的步骤 …………………………………………………………（186）

第14章 族与内建模型 ……………………………………………………………（190）

14.1 Revit族的优点及类型 …………………………………………………………（190）

14.1.1 Revit族的优点 ……………………………………………………………（190）

14.1.2 Revit族的类型 ……………………………………………………………（191）

14.2 内建模型（内建族）…………………………………………………………（191）

14.2.1 实心拉伸的绘制步骤 ……………………………………………………（192）

14.2.2 实心放样的绘制步骤 ……………………………………………………（193）

14.2.3 实心融合的绘制步骤 ……………………………………………………（194）

14.2.4 实心放样融合的绘制步骤 ………………………………………………（196）

14.2.5 实心旋转的步骤 …………………………………………………………（198）

14.2.6 "内建模型"实例：厕所北零星构件的绘制步骤 …………………………（200）

14.3 新建族 …………………………………………………………………………（203）

14.3.1 新建族的两种方式 ………………………………………………………（203）

14.3.2 "新建族"实例：北部入口楼梯的绘制步骤 ………………………………（203）

第15章 标注与出图 ………………………………………………………………（210）

15.1 注释族 …………………………………………………………………………（210）

15.2 门和窗的标记方法 ……………………………………………………………（211）

15.3 房间的标记步骤 ………………………………………………………………（214）

15.4 房间分割线的运用 ……………………………………………………………（215）

15.5 房间的颜色设置步骤 …………………………………………………………（216）

15.6 明细表的设计步骤 ……………………………………………………………（218）

15.7 图纸的创建步骤 ………………………………………………………………（220）

第16章 渲染、漫游与导出 ………………………………………………………（225）

16.1 设置构件的材质 ………………………………………………………………（225）

16.2　布置相机和创建鸟瞰图 ·· (227)
　16.2.1　布置相机 ·· (227)
　16.2.2　创建鸟瞰图的步骤 ·· (229)
16.3　渲染视图的设计步骤 ·· (230)
16.4　实现漫游的步骤 ·· (232)
16.5　多种格式的导出方法 ·· (235)
　16.5.1　CAD 格式的导出 ·· (235)
　16.5.2　DWF 格式的导出 ·· (236)
　16.5.3　ODBC 数据库的导出 ····································· (236)
16.6　IFC 格式的导出 ·· (236)

参 考 文 献 ··· (238)

第 1 章

BIM 概述

(1) 了解 BIM 的概念及特点。

(2) 了解 BIM 的作用。

(3) 了解 BIM 的发展历史及发展趋势。

(4) 了解 BIM 在建筑各领域的应用现状。

(5) 了解 BIM 的主流软件。

1.1 BIM 的概念及特点

1.1.1 BIM 的基本概念

BIM 是 Building Information Modeling 的缩写，中文含义是"建筑信息模型"，美国国家 BIM 标准（NBIMS）对 BIM 的定义分为以下三部分：

(1) BIM 是一个设施（建设项目）物理和功能特性的数字表达。

(2) BIM 是一个共享的知识资源，是一个分享有关这个设施的信息，为该设施从建设到拆除的全生命周期中的所有决策提供可靠依据的过程。

(3) 在项目的不同阶段，不同利益相关方通过在 BIM 中插入、提取、更新和修改信息，以支持和反映其各自职责的协同作业。

根据定义可以确认：BIM 是信息技术在建筑工程领域的具体应用。它以三维数字技术为基础，针对建筑工程项目的各种属性，创建建筑信息模型，并以此在建筑全生命周期中为所有阶段、所有专业、所有参与者提供一个统一的、共享的、协同化集成平台。BIM 技术的核心是利用数字化技术，建立一个基于三维的、虚拟的、完整的、与实际情况完全一致的建筑工程信息库。该信息库不仅包含建筑物所有构件的几何信息，各种专业属性及状态信息，还包含了非构件对象，如构件围城的空间对象，以及建造过程的各种行为等状态信息。

1.1.2 BIM 的特点

一个完整的 BIM 模型，应该具有以下五个特点：

（1）可视化性。BIM 将传统的二维模型转变为三维模型，将传统图纸上的线条组合直接以三维空间的构件方式呈现，能够更加清晰地表达建筑信息。项目参与者在 BIM 环境中不需要三维转换和空间想象，可以直观地看到三维建筑，如图 1-1 所示。BIM 可视化的结果不仅可以生成三维效果图和三维报表，更重要的是项目规划、设计、建造、运营过程中的沟通、讨论、决策都能够在可视化的状态下进行，从而更加有利于沟通。三维可视化是 BIM 最基本的特点和应用。

图 1-1　建筑的可视化效果图

（2）协调性。BIM 可以突破空间和时间的限制，将不同阶段和不同专业的信息整合在一起，为这些分离破碎甚至相互矛盾的信息，提供一个能够对比分析的公共平台，并在工程实施前生成相互协调同步的数据，从而可以避免实施中的大量冲突和返工。

（3）模拟性。BIM 将构件的三维几何数据结合建筑工程的其他属性参数，运用当代图形显示技术，可以在计算机的三维虚拟环境中展示和模拟各种建筑空间、运动形态、变化过程等建筑工程的各种物理特性与变化。这种在实体建筑还没有真正建造前的三维虚拟化仿真，为建筑工程各阶段的方案及决策提供了一种低成本、可视化的分析、优化和协作平台，为建筑工程项目提供了一个强有力的管理工具。如在规划设计阶段，BIM 可以进行建筑物的节能模拟、空气流动模拟、日照模拟、热能传导模拟等；在招投标和施工阶段可以进行 4D 模拟（三维模型加项目的发展时间），即根据施工组织设计模拟实际施工，从而可以确定合理的施工方案来进行指导施工。同时，还可以进行 5D 模拟（基于 3D 模型的造价控制），从而实现成本控制；后期运营阶段可以模拟日常紧急情况的处理方式，如地震发生时人员逃生模拟及消防紧急疏散模拟等。

（4）参数化性。BIM 模型中的基本图元不是线型，而是以构件形式整体呈现的。它具有包括三维空间信息在内众多的属性信息。因为构件之间具有相互关联性和制约性，因此，构件的属性信息也是相互关联和相互制约的。BIM 能够通过构件属性信息之间的关联规则，实现关联信息的自动调整，即参数化建模，并以此确保模型信息的完整和一致。BIM 通过构件参数的关联性使建模过程具备了一定的智能化，不仅可以提高设计的工作效率，而且可以解决模型信息的错、漏、缺等问题。

（5）信息完备性。BIM 模型应该是建筑工程最完整的数据集合，包含了建造过程和建筑产品的所有信息，这种信息的完备性不仅体现在对建筑产品最终成果的静态信息描述，更体现在建筑实现过程的动态信息描述，它是建筑工程的完全映射信息。

1.2　BIM 的作用

BIM 凭借着数字化、三维化的信息支持功能，被建筑产业链上各阶段的参与方所接受并如火如荼地应用起来。随着 BIM 技术的大规模推广和应用，它在建筑产业的信息化改造中也发挥着越来越大的作用。

1.2.1　BIM 发挥着信息共享的作用

在传统的建设工程中，项目实施各阶段的参与方都在产生信息，这些来源庞杂、种类繁多、格式类型也各不相同的信息造成了大量的信息孤岛、信息失真和信息垃圾，从而使得项目的运作效率非常低下。

BIM 是一个大型数据汇总中心。它将各种不同阶段、不同类型、不同来源的信息统一到一个规范的、系统的数据框架中。一方面，建设工程从开始到结束，所有参与者都会把建设过程中所产生的成果信息以规范的数据格式输入到统一的 BIM 中，使其成为一个丰富且完整的项目信息库，是建筑对象所有过程和产品的完整描述，即建筑产品与过程的信息模型；另一方面，所有参与者都可以从这个信息中心查询和使用权限范围内的数据。建筑产品信息模型可以在项目整个建设过程中为各阶段、各组织、各专业参与者提供所需信息，从而为建设项目搭建了一个信息中心和平台，实现了建设工程信息化中最重要的信息的统一、唯一和共享。

1.2.2　BIM 发挥着信息集成的作用

BIM 模型随着建设项目的不断推进，从规划、设计到施工，建设项目全生命周期的不同阶段都有相应的数字信息被系统所产生、汇集、管理、交换、更新和存储。因此，建筑信息模型的创建和不断完善过程所形成的各种"数字化流动"，也是建筑产品的数字化形成过程和项目信息集成的过程。它一方面承载了建筑产品的设计信息、建筑信息、运用维护信息、管理绩效信息等完整信息，构成了一个与实体工程完全相同的"虚拟工程"；另一方面，通过这些信息有效地连接并驱动建筑生命周期各组织及各种物质的流动和转化，从而将"虚拟工程"变成"实体工程"。信息模型的这种"以虚带实"方式首先通过将建设工程的产品、组织和过程三者进行信息关联，进而通过这种信息集成实现项目的组织集成和过程集成，最终达到项目集成化运作。

1.2.3 BIM 发挥着可视化沟通的作用

BIM 最大的技术亮点无疑是三维可视化的再现，它可以将建筑内部和外部的很多性能和特点通过软件进行计算模拟和数字化三维再现，从而使相关的技术分析和评价成为可能。同时，BIM 技术可以将枯燥隐晦的数据及对这些数据的计算和分析过程都转换成图形和图像，并以三维可视化方式直观地展现在计算机屏幕上，为项目的沟通和协调提供了有力工具和极大方便，使得项目建设者和决策者能方便地沟通和科学评判。例如，项目概念阶段的选址模拟分析；勘察测绘阶段的地形测绘与可视化模拟、地质参数化分析；项目设计阶段的日照能耗分析、交通线规划、管线优化、结构分析等。

目前，建设工程各个阶段都开始大量应用 BIM 技术，包括规划、设计、施工和运营维护等。为了让读者对 BIM 技术应用有一个初步认识，在本章 1.4 中对 BIM 在建设过程各阶段的技术应用作了简单介绍。

对于建筑产业的信息化改革来说，BIM 的兴起仅仅是一个开始而不是终点。BIM 只是为建设工程提供了一个全面完整的基础型数据库。它真正的意义在于为建筑产业提供了一个可以进行数字化生产的信息共享和数据支持平台，以及一种信息化改革的契机。通过 BIM 对建设过程的各种数据进行挖掘和应用，首先在建设项目实现信息集成，然后以信息集成的方式带动组织形式、建造过程甚至建筑产品本身的变革推动管理模式和建造方法的改革，以此实现建设项目的组织集成和过程集成，从而最终实现建设项目的系统集成并达到数字化精益的建造目的。建筑产业完全可以在 BIM 平台上衍生出类似计算机集成制造、智能化建造等先进的建设生产模式。

1.3 BIM 技术的发展

1.3.1 BIM 技术的发展历史

从佐治亚理工学院的 Chuck Eastman 教授提出 BIM 理念至今，BIM 技术的研究大致经历了萌芽阶段、产生阶段和发展阶段三个阶段。

（1）萌芽阶段：理论探讨和 IFC 数据标准的制订。

1973 年，受全球石油危机的影响，美国所有行业都在考虑如何提高行业效益。1974 年，"BIM 之父"Chuck Eastman（图 1-2）教授在其研究课题"Building Description System"中首次提出了以建筑工程的可视化和量化分析来提高工程建设效率的 BIM 思想。但受制于当时的计算机及网络等硬件环境的局限，BIM 的先进理念一直没有得到真正的应用。

直到 1992 年，G. A. van Nederveen 和 F. P. Tolman 发表的论文"Modelling multiple views on buildings"中，才第一次真正出现了 building information model 这个专业词。他们提出：建筑工程参与方对建筑数据有着不同的需求，通过建筑信息建模将有助于形成满足不同需求的模型结构。其后，"BIM 教父"Jerry Laiserin（图 1-3）开始大力推广 BIM 概念，从而使 BIM 术语及思想真正在建筑业流传开来。在他提出需要一种标准化的信息交换格式来增强 BIM 应用和交流后，以 Autodesk 公司为首的 12 家美国公司创立了 IAI 协会，商讨各种软件数据的共享方法，并制定一种不依赖于任何具体软件系统的中间数据标准（IFC 标准）来集成产业链，并于 1997 年公布了 IFC 1.0 版本。

图 1-2　"BIM 之父"——Chuck Eastman 教授　　图 1-3　BIM 教父——Jerry Laiserin

（2）产生阶段：三维 BIM 的建模及初期模型应用。

2002 年，CAD 行业龙头公司 Autodesk 收购了 1996 年成立的 Revit 公司，并正式发布《BIM 白皮书》，将 BIM 正式定义为：Building Information Modeling。白皮书直言 Autodesk 公司原产品 CAD 系统植根于线性图形，难以充分创建和管理建筑信息，而建筑信息建模是 Autodesk 公司将信息技术应用于建筑行业的策略。并且，Autodes 公司逐渐放弃将 CAD 进行 BIM 化的努力，直至 2014 年才彻底放弃 CAD 软件的后续开发和市场，转而收购了一系列的软件来丰富其 BIM 产品线。此举对日后的 BIM 软件及市场应用影响巨大。由于 Autodesk 公司在行业中的软件龙头地位，在它的大力推动下，BIM 开启了真正的市场化实施之路。同时，"BIM 教父"Jerry Laiserin 对 BIM 的内涵和外延进行进一步界定，并在建筑企业进行了更广泛的 BIM 推广及应用。至此，BIM 的软件建模及初级应用在建筑业开始流行起来。

（3）发展阶段：模型的大规模应用及模型中数据的应用。

大约在 2010 年前后，全球加速进入 BIM 时代，BIM 的理念和方法成为建筑行业的基础元素，这得益于诸多软件厂商推出了简单易用的 CaBIM 工具，这是工业史上又一个新技术推动产业升级的典范。并且随着建筑业对 BIM 思想的进一步理解，BIM 是首字缩略词也经历了从 Building Information Model 到 Building Information Modeling，再到 Building Information Management 的发展变化。BIM 的应用也从创建模型进入到应用模型及应用模型数据，从建设阶段扩展到全生命周期，从单一软件扩展到软件与硬件、物联网、云计算和大数据的集成化应用。

2013 年，我国的 BIM 技术开始火热起来，至 2016 年，我国共建立了约 30 个 BIM 联盟组织。

1.3.2　BIM 技术的发展趋势

BIM 技术的核心思想是在统一的数字化共享平台上通过信息集成，实现组织集成、过程集成和协同建造，最终实现建筑产品的精益化建造。因此，BIM 首先是提供了一个统一的信息规则和集成载体。然后通过这个统一的载体和规则，实现建设项目的协同和集成。

（1）统一化。目前，BIM 还处于发展阶段，因此在很多方面缺乏最基础的规范和标准。各软件公司根据自己对 BIM 的理解开发出相应的 BIM 软件。但是，由于这些软件不是在统一数据标准下制定的，没有一个统一的数据模型可以在所有软件中通用，在应用这些软件时需要单独创建数据模型，因此，造成了数据流动性差和模型资源浪费严重等问题。国际上尝试着应用 IFC 工业分类基础标准、IFD 数据框架字典、IDM 信息交付手册来弥补数据在不同软件和应用中的传输统一性问题，但都未能从根本上加以解决。然而，统一标准的制定是 BIM 技术推广和应用的基础性关键核心。因此，随着我国建筑业 BIM 技术的不断发展和大规模应用，BIM 平台和 BIM 标准的统一化将成为一个必须攻克的难关和发展趋势。

（2）集成化。集成化是 BIM 技术与 CAD 技术的根本区别所在。BIM 模型中本身就汇集了贯穿建设项目全寿命周期所有建筑构件的几何信息和各种属性信息。利用这些信息进行三维建模、三维算量、碰撞检查、可视化展示等基础性应用已经不能满足行业和社会对 BIM 技术的需求。因此，如何根据建设工程的各种功能和需求，结合各种高新信息技术，运用 BIM 中所携带的全息信息进行二次开发和应用集成将是 BIM 发展的时代要求和必然趋势。

（3）协同化。BIM 技术的突出特点和最大优势在于能够实现各项目参与者的工作协同。任何一项具体的建设任务都是多专业人员共同配合完成的结果。在 BIM 环境中，所有团队成员在共同的目标和信息模型下，能够相互配合、高效沟通、参数化变更，不断推进项目任务。因此，如何在网络化环境下，利用最新的信息技术成果为建设项目全生命周期内各参与方打造一个高效的协同平台和工作模式，也是 BIM 发展的一个重要趋势。

1.4　BIM 技术在建筑领域的应用

建筑模型的数据在 BIM 中是依托多种信息技术的数字化存在。在建设各阶段，根据不同的功能要求，从 BIM 中将有用信息提取出来加以转化开发，就可以形成各种 BIM 的工程应用。

1.4.1　BIM 技术在规划阶段的应用

规划是城市发展的龙头，是城市建设和管理的直接依据。因此，我国近二十年来大力推动地理信息系统 GIS、全球定位系统 GPS、遥感技术 GS、计算机辅助设计 CAD 等现代信息技术在规划编制、规划设计和规划管理中的应用，以此不断加强和提升我国城市规划的水平和效率。BIM 作为一种集成了建筑物各种属性的多维信息模型，被不断引入到城市的大数据模型中，使得建筑物的内部微环境可以与城市的外部大环境相互结合起来，从而可以模拟出不同城市规划方案所引起的建筑物在日照、通风、噪声等诸多人居环境指数的变动情况，然后通过评估这些指数来优化城市规划的编制、设计和管理。

（1）城市规划可视度分析。规划可视度是指周边一定区域对于指定建筑物的可见程度。BIM 技术的三维空间模拟使得原本需要大量采样点的传统可视度分析变得异常简单和方便，并且可以在虚拟环境中亲身视觉感受。

（2）建筑微环境的日照和采光模拟。近年来，随着城市中超高层建筑的大量涌现，单个建筑物内的日照及采光受到严重影响。然而，日照采光分析涉及地域、气候、时间、建筑朝向、周边建筑楼高及形状等诸多因素影响，传统的人工数据分析是非常困难和不精确的。而 BIM 技术可以将这些所有影响因素融合在一起，并进行三维可视化动态模拟，从而完全解决城市规划中不同片区楼高及形状的布局优化问题。

（3）建筑微环境的空气流动模拟。BIM 技术将建筑物内部的构造和空间信息结合建筑物外部的气象信息，可以方便快捷地对建筑内、外环境空气流动形成的气流流场进行模拟仿真，并通过这种形象直观的方法对空气流体环境做出分析和评价，然后通过改变建筑物布局、外形、高度不断调整和优化小区建筑物内外流体环境。

（4）建筑微环境的噪声分析。BIM 技术将建筑物的材质、形状和空间信息与建筑物外部的噪声信息融合起来，可以通过不同区域的色彩等级形象地对小区及建筑物内的噪声分贝进行直观模拟和动态仿真，从而用这种直观的方法对小区及建筑物声音环境做出分析和评价，然后通过改变建筑物布局、外形、朝向以及增加植被等方法来不断降低和优化小区建筑声音环境。

1.4.2　BIM 技术在设计阶段的应用

（1）参数化设计与建模。参数化建模是 BIM 能够进行建筑外形参数化设计的核心。不同于传统的 CAD 设计，参数化设计把设计要求看成参数，把影响设计的主要因素作为参数变量，然后通过计算机语言描述把相关规则和算法作为指令构造的参数关系形成基于三维空间信息包含各种参数的建筑信息模型。在设计时，只要输入参数变量的信息并执行计算机指令，就可以自动生成目标模型。设计师只要设定好建筑物的参数值、参数关系及参数约束就可以了。BIM 软件系统可以自动创建关联及连接方式来实现建筑三维模型的创建工作。

（2）结构模拟与分析。BIM 模型中的参数不仅包括建筑物构件及空间的几何信息，还包含了各种丰富的建筑材料和结构信息，如杆构件的材料属性、拓扑信息、荷载分布、刚度信息等。结构设计师完全可以在 BIM 环境下，创立建筑三维实体的结构分析模型，以此来对建筑构件的材料、形状、链接、受力等结构形态进行模拟和优化。

（3）设计方案的选优。在 BIM 的参数化设计中，会通过变化参数选项来实现设计的多方案选项，然后设计师在可视化和量化分析的基础上，对多种方案进行对比分析和评判，并最终从多方案中选优。

（4）协同设计。协同设计是 BIM 在网络化环境下设计阶段应用的关键技术之一。BIM 环境提供了一个完全共享的网络化信息平台。不同专业的设计师可以使用各自的专业设计软件在不同地域对同一建筑工程进行设计。他们在异地客户端面对的是唯一服务器的建筑模型，所有异地设计师的数据更新和修改都能及时、完整地与中心服务器模型同步，所有异地设计师看到的建筑模型都是最新的信息。在建筑项目设计，BIM 完全可以通过信息共享来实现信息协同和设计协同。

（5）项目及方案的经济性分析。BIM 在设计方案中引入收入和成本信息，并利用 BIM 软件强大的工程量统计功能根据设计师的不同需求创建方案的"成本—收入"信息模型，并根据性价比进行方案的经济型分析。

1.4.3 BIM 技术在施工阶段的应用

（1）三维场地布置。BIM 软件可以充分利用施工场地、建筑构件、施工器械的三维信息，在施工前期就布置出现场三维立体布置模型，并且可提供多方案的直观对比、评判和选优，以及实现现场布置随工程进度的三维动态模拟。

（2）碰撞分析。BIM 软件可以在施工前期，将不同设计师（建筑、结构、暖通、电气、消防、给水排水）的设计成果整合到统一的建筑空间模型中，系统可以自动识别同一空间出现的专业碰撞和冲突，从而实现各专业的碰撞检查和后期的优化处理。

（3）工程量及造价预算。BIM 软件利用建筑构件的三维形状信息，计算出各种工程量的精确数据，按照清单和定额的分类标准汇总后，套取相应定额和市场材料价格，就可以工程造价。

（4）施工进度模拟与管理。BIM 软件将建筑构件的三维形状和空间信息关联项目进度的施工时间信息，就可以进行建筑工程项目的三维进度模拟。同时，利用 BIM 的可视化、参数化特性，通过进度模拟与实际进度的实时对比和动态监控，及时发现进度滞后并进行原因分析，从而降低各项负面因素对施工进度的不利影响。一方面提高进度管理水平和现场工作效率；另一方面，可以最大限度地避免进度拖延所造成的损失。

1.4.4 BIM 技术在运营维护阶段的应用

在工程项目完成并投入运营后，设计与施工阶段的所有成果信息都会通过 BIM 模型完整无误地移交给建设项目的业主。一方面，这些建设成果信息在项目运营阶段可以为正常的物业管理和设备使用维修提供数据支持，例如：物业资产管理的三维显示与统计；各种设备和管线的空间位置、线路、检修口等都可以通过 BIM 的三维可视化直观展示，同时，它们的各种运行参数和属性都可以直接在虚拟建筑空间的设施上直接点击查询和调用。另一方面，将项目运营阶段产生的新信息添加到 BIM 中，可以得到更多的技术应用。如突发事件中的建筑内部人员的疏散模拟和方案优化；发生火灾时着火区域的立体显示与精准定位；建筑物流的三维模拟与仿真。

1.5 BIM 主流软件

BIM 技术并不是指某个具体的市场软件，它是建筑构件三维化、参数化、共享化、模型化等信息化特色理念和思想的具体运用。因此，只要是运用了 BIM 理念和思想的软件都属于 BIM 软件。根据 BIM 理念在建筑领域的应用阶段和用途，目前市场上的主流软件大致可以分为以下六类：

（1）BIM 核心建模软件。Revit；Benetly；ArchiCAD；Digital Project；天正；鲁班；鸿业；博超。

（2）BIM 方案设计软件。Onurna Affinity。

（3）可视化软件。3ds Max；Lightscape。

（4）结构分析软件。ETABS；STAAD；ROBOT；PKPM。

（5）工程量及造价软件。Innovaya；Sloibri；广联达；斯维尔；鲁班。

（6）运营管理软件。Archibus；Navisworks。

在这些软件中，Autodesk 公司的 Revit 系列软件由于功能强大且易学易用，目前已经成为建筑行业内使用最广泛的三维参数化建筑设计软件。Revit 系列软件包括建筑、结构和 MEP 机电专业三大软件模块。本书从第二章后将详细讲解 Revit 2020 建筑模块的建模操作。利用 Revit 软件的建筑设计模块，可以让建筑师在三维设计模式下方便地草拟设计方案，快速表达设计意图，创建三维 BIM 模型，并以三维 BIM 为基础，自动生成所需的建筑施工图纸，从概念到方案，最终完成整个建筑设计过程。

课后练习

思考题

1. BIM 的参数化性特点在建模时是如何发挥作用的？

2. IFC 是一种计算机语言吗？

3. BIM 的信息共享功能与信息集成功能是如何发挥作用的？这两种功能的区别在哪里？

第 2 章

Revit 2020 软件基础

★学习目标

（1）熟悉软件的基本功能及基本术语。
（2）熟悉工作界面的各分区及功能。

2.1　Revit 2020 软件基本功能

Revit 软件从 2013 版本开始，将原有的三个专业独立软件 Revit Architecture、Revit Structure 和 Revit MEP 合并为一个行业通用软件。用户只需一次安装，就可以拥有建筑、结构、机电的整体建模环境。从 2014 版本开始，Revit 软件打破了传统二维设计中平、立、剖视图各自独立、互不相关的设计模式，以三维设计为基础理念，直接将构件整体作为基本建模对象（而不是简单线），从而可以快速创建三维建筑模型。

Revit 软件通过多年来的不断积累和发展，软件功能日益完善和强大，版本也不断更新。从 Revit 2020 版本开始，已经能够提供建筑领域全专业的协同设计。Revit 2020 的软件功能简介如下：

（1）提供了自由形状建模和参数化设计工具，让用户可以在方案阶段就能够对设计内容进行分析。

（2）可以帮助用户将概念形状转换成全功能建筑设计。

（3）通过选择和添加整体面的方式来设计墙、屋顶、楼层和幕墙系统，因此，可以通过面来提取相应的建筑信息，如每个楼层的总面积。

（4）用户还可以将基于相关软件应用的概念性体量转化为 Revit 建筑设计中的体量对象，进行方案设计。

（5）Revit 附带丰富的详图库和详图工具，能够进行广泛的预分类，并可轻松兼容 CSI

格式，同时用户可以根据公司的标准创建、共享和定制图库。

（6）通过跟踪流程计算出详细的材料数量并进行优化，适用于可持续设计项目中的材料数量计算和成本估算。

（7）通过冲突检测功能来扫描创建的建筑模型，查找构件之间的冲突。

（8）随着项目的推进，Revit 的参数化变更引擎将随时更新材料统计信息。

（9）Revit 的设计可视化功能可以创建并获得如照片般真实的建筑设计创意和周围环境效果图，使用户在实际动工前体验设计创意。Revit 中的渲染模块工具能够在短时间内生成高质量的渲染效果图，展示出逼真的设计作品。

2.2 Revit 2020 软件基本术语

在实际操作软件之前，必须掌握软件中所涉及的主要专业术语，以及这些术语的划分范围和归类方法。

1. 项目

在 Revit 2020 中，"项目"是指目标建筑的整体信息数据库——建筑信息模型，是最大的信息集合。该项目文件包含了目标建筑的所有设计信息，从几何图形到构件数据，而且所有信息在软件中都保持着关联关系。项目文件也是用于最终完成并交付的文件，其后缀名为".rvt"。

2. 图元

在创建项目时，用户可以通过向设计中添加参数化建筑图元来创建建筑。在 Revit 2020 中，图元主要分为模型图元、基准图元和视图专有图元三种，如图 2-1 所示。

（1）模型图元。模型图元表示建筑的实际三维几何图形，其显示在模型的相关视图中，包括主体和模型构件。

（2）基准图元。基准图元是可以帮助定义项目定位的图元，包括注释图元和详图。

（3）视图专有图元。该类图元只显示在放置这些图元的视图中，可以帮助对模型进行描述和归档，包括注释图元和详图。

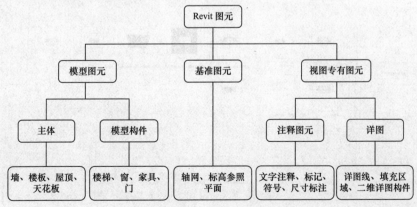

图 2-1 Revit 2020 图元的体系结构

3. 类别

类别是一组用于对建筑设计进行建模或记录的图元，用于对建筑模型图元、基准图元、视图专有图元做进一步分类。例如，墙、屋顶和梁属于模型图元的类别，而标记和文字注释则属于注释图元类别。

4. 族

族是某一类别中图元的类，用于根据图元参数的共用、使用方式的相同或图形表示的相似来对图元类别进一步分组。一个族中不同图元的部分或全部属性可能有不同的数值，但是属性的设置（其名称和含义）是相同的。例如，结构柱中的"网柱"和"矩形柱"都是柱类别中的一族。

5. 平面视图与工作平面

在绘制模型时，平面视图与工作平面是两个必须弄清楚的重要概念。

Revit 的模型是三维空间中具有几何尺寸的立体结构。绘制时，用户是在计算机屏幕的二维平面上完成的。因此，"平面视图"概念就是如何运用二维平面来反映三维空间结构。它涉及视图范围和视图深度。视图范围需要设置视图顶部、剖切面、视图底部和偏移（从底部）。

从平面视图中看到的是一个空间结构，所以，反映的是多个平面。有可能平面视图中的一条线就是一个平面。而绘制操作通常都是在一个平面上完成的，所以，在绘制前必须指定一个工作平面。

2.3 Revit 2020 软件启动界面

Revit 2020 软件提供了多种启动方法。成功安装 Revit 2020 后，系统会在桌面上创建 Revit 2020 的快捷启动图标，并在程序文件夹中创建 Revit 2020 的程序组。Revit 2020 软件提供了便捷的操作工具，便于初级用户快速熟悉操作环境。同时，对于熟悉该软件的用户而言，操作更加方便。双击桌面上的 Revit 2020 快捷启动图标，出现图 2-2 所示的启动界面。

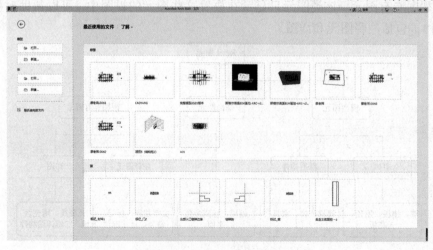

图 2-2　Revit 2020 的启动界面

2.4　Revit 2020 软件工作界面

单击启动界面中最近使用过的项目文件，或单击"模型"选项组中的"新建"按钮，在弹出的"新建项目"对话框中选择一个样板文件，并单击"确定"按钮，即可进入 Revit 2020 的工作界面，如图 2-3 所示。

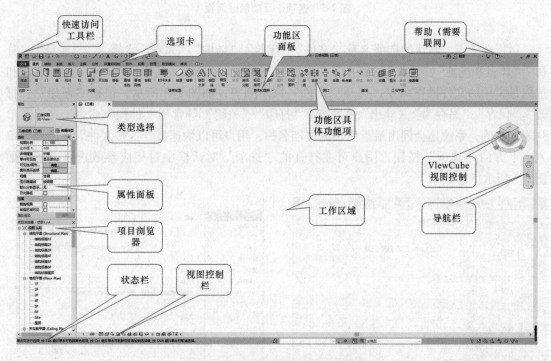

图 2-3　Revit 2020 软件的操作界面

Revit 2020 工作界面由左、中、右三个区域构成，中间区域从上至下分别是快速访问工具栏、选项卡及功能区面板、选项栏、绘图工作区域、状态栏和视图控制栏；左边区域是"属性"面板和项目浏览器；右边区域是视图控制器和导航栏。各区域选项的主要内容介绍如下：

1. 快速访问工具栏

"快速访问工具栏"用来自定义最常用的工具，方便用户快速点击工具图标，如图 2-4 所示。用户可以通过单击最右端的下三角按钮，自定义快速访问工具栏上显示的工具。

图 2-4　设置快速访问工具栏

2. 选项卡及功能区面板

"选项卡及功能区面板"汇集了软件提供的全部工具。单击相应的选项卡后，其下会显示该选项卡的所有面板及工具，如图 2-5 所示。调整功能区面板大小时，功能区中的工具将根据可用空间自动调整大小，确保功能按钮可见。

图 2-5　选项卡及功能区面板

（1）选项卡。默认的选项卡有"文件""建筑""结构""系统""插入""注释""分析""体量和场地""协作""视图""管理""修改"等选项。其中，"文件"用于展示和选取最常用的文件操作命令，打开"文件"菜单列表，如图 2-6 所示，包括"新建""打开""保存""另存为""导出""发布""打印""关闭"等常用文件操作命令，在该菜单列表的右侧，系统还会列出最近使用的文档名称，用户可以快速打开这些文件。单击该菜单列表下方的"选项"按钮，用户可在打开的"选项"对话框中对相应参数进行设置，如图 2-7 所示。

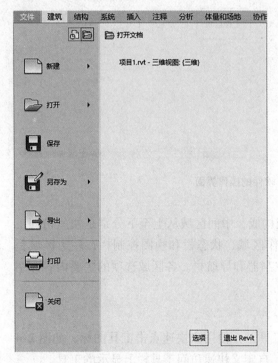

图 2-6　文件命令

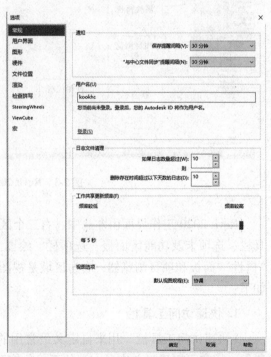

图 2-7　文件命令下的选项参数

选项卡中的"修改"单选项比较特殊，其下方功能区提供能使用的子选项并不固定。在进行建模操作时，系统会根据用户选取的不同图元或功能，一方面对单选项"修改｜××"的名称进行相应调整；另一方面在下方的功能区中亮显出能使用的不同子选项。如图 2-8 所示为结构钢筋属性修改时提供的子功能选项；图 2-9 所示为屋顶迹线编辑时提供的子功能选项。

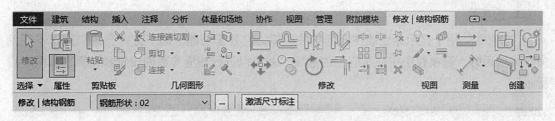

图 2-8　结构钢筋属性修改时的修改菜单项

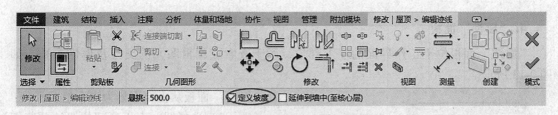

图 2-9　屋顶迹线编辑时的修改菜单项

　　有关其他菜单选项及其下方的具体功能，本书将在后面章节绘制操作时详细讲解。

　　（2）功能区面板。当选择某选项卡时，在其下方的功能区将出现功能区面板，并且随鼠标的点击会展开与面板相关的所有命令工具，而不需要在下拉菜单中逐级查找子命令。图 2-10 所示为"注释"选项卡下的所有面板及命令，如"尺寸标注"面板上显示的命令包括"对齐""线性""角度""半径""直径"和"弧长"等。注意：本书将在后面章节描述功能项的操作过程时，采用统一的表达方式，例如：在"注释"选项卡"尺寸标注"面板中，单击"对齐"按钮。

图 2-10　"注释 – 尺寸标注"面板

　　（3）功能区视图状态。单击选项卡栏最右侧的下拉工具按钮，可以使功能区在"最小化为选项卡""最小化为面板标题""最小化为面板按钮"和"循环浏览所有项"4 种状态之间进行切换，如图 2-11 所示。

图 2-11　切换功能区视图状态

3. 选项栏

"选项栏"用于显示命令或图元的相关选项。它处于功能区的下方。当用户选择不同的命令或图元时，选项栏中将显示它们的选项，并可以进行相应参数的设置和编辑，如图2-12所示。

图 2-12　图元编辑时的选项栏

4. "属性"面板

"属性"面板位于工作界面的左上部位，用于查看或编辑图元的类型及属性参数，如图 2-13 所示。

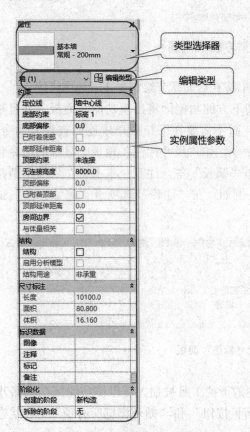

图 2-13　"属性"面板

"属性"面板从上至下分为三个组成部分：

（1）类型选择器：面板顶部位置的预览框和类型名称即为图元类型选择器。用户可以单击右侧的下拉按钮，从列表中选择已有的合适的构件类型直接替换现有类型，而无须反复修改图元参数。

（2）编辑类型：用来编辑已经选择好类型的类型属性参数。单击"编辑类型"按钮，系统弹出图2-14 所示的"类型属性"对话框。在对话框中，用户可以复制、重命名对象类型，并可以通过编辑其中的类型参数值来改变该类型所有图元的外观尺寸等。

（3）实例属性参数："属性"面板的主体部分是已经选择好图元的实例属性参数，系统会根据所选类型显示不同的具体参数内容，包括当前所选图元的各种限制条件类、图形类、尺寸标注类、标识数据类、阶段类等实例参数及其值。用户可以通过修改实例参数值来改变当前选择图元的外观尺寸等。

5. 项目浏览器

"项目浏览器"用于显示当前项目中所有视图、明细表、图纸、族、组、链接的 Revit 模型和其他部分对象。项目浏览器呈树状结构，各层级可展开和折叠，从而可以至上到下地显示所需的各层项目，如图2-15 所示。

6. 视图控制栏

"视图控制栏"用于控制当前视图的显示样式，包括视图比例、详细程度、视觉样式、

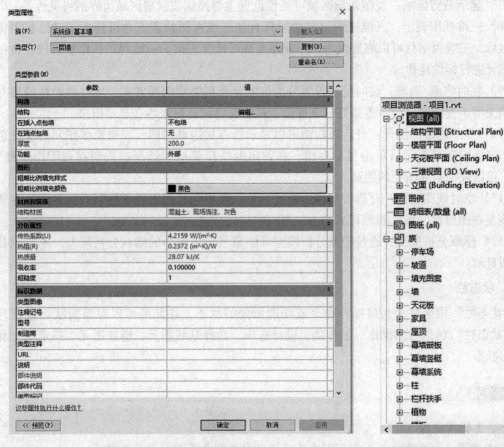

图 2-14 "类型属性"对话框   图 2-15 项目浏览器

日光路径、阴影设置、剪裁视图、显示裁剪区域、三维视图锁定、临时隐藏/隔离、显示隐藏的图元、临时视图属性、隐藏分析模型等功能,如图 2-16 所示。

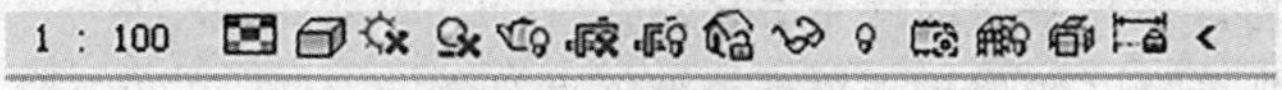

图 2-16 视图控制栏

(1) 视图比例:用户可用视图比例对视图指定不同比例。

(2) 详细程度:Revit 系统设置了"粗略""中等"和"精细"三种详细程度,通过指定详细程度,可控制视图显示内容的详细级别。

(3) 视觉样式:Revit 提供了线框、隐藏线、着色、一致的颜色、真实、光线追踪 6 种不同的视觉样式,通过指定视图视觉样式,可以控制视图颜色、阴影等要素的显示。

(4) 日光路径:开启日光路径可显示当前太阳位置,配合阴影设置可以对项目进行日光研究。

(5) 阴影设置:通过日光路径和阴影的设置,可以对建筑物或场地进行日光影响研究。

(6) 裁剪视图:开启裁剪视图功能,可以控制视图显示区域。裁剪视图又分为模型裁剪区域、注释裁剪区域,分别控制模型和注释对象的显示区域。

（7）显示裁剪区域：视图裁剪区域可见性设置主要控制该裁剪区域边界的可见性。

（8）三维视图锁定：三维视图锁定功能只有在三维视图状态下才可使用。三维视图锁定开启后，三维视图只可以缩放大小，不能随意旋转改变方向。三维视图锁定后可以在该视图对图元进行标注操作。

（9）临时隐藏/隔离：临时隐藏设置分为按图元和按类别两种方式，可以临时性隐藏对象。当关闭该视图窗口后，重新打开该视图，被临时隐藏的对象均会显示出来。

（10）显示隐藏的图元：开启该功能可以显示所有被隐藏的图元。被隐藏图元为深红色显示，选择被隐藏图元后单击鼠标右键，在弹出的快捷菜单中选择"取消在视图中隐藏"命令，可以取消对此图元的隐藏。

（11）临时视图属性：开启临时视图模式，可以使用临时视图样板控制当前视图，在选择"恢复视图属性"前，视图样式均为临时视图样板样式。

（12）隐藏分析模型：通过隐藏分析模型可隐藏当前视图中的结构分析模型，不影响其他视图显示。

7. 状态栏

"状态栏"用于显示当前操作命令或功能所处的状态，在此处可以对当前状态进行修改。"状态栏"包括当前操作、工作集、设计选项、选择基线图元、链接图元、锁定图元和过滤等状态。

课后练习

一、上机实训题

1. 熟悉 Revit 2020 软件工作界面中选项卡及各选项卡下的功能面板选项。

2. 熟悉"属性"面板中的各组成内容及具体参数。

二、思考题

1. 简述图元与族的联系与区别。

2. 简述平面视图与工作平面的联系与区别。

3. 简述类型属性参数与实例属性参数的联系与区别。

Revit 2020 软件基本操作

（1）掌握项目文件的操作方法。

（2）掌握模型视图的操作方法。

（3）熟练掌握绘制工具的操作方法。

（4）练掌握编辑工具的操作方法。

3.1　项目文件的操作

Revit 2020 软件中，新建一个文件是指新建一个建筑工程的"项目"文件，项目文件包含了目标建筑的所有几何与属性信息。创建目标建筑的项目文件是进行建筑设计的开始，主要由新建文件、设置文件和保存文件三部分构成。

3.1.1　新建项目文件

在 Revit 2020 软件中，新建项目有四种方式：

（1）"最近使用的文件"主界面。打开 Revit 2020 软件后，在主界面的"模型"选项组中单击"新建"按钮，系统将弹出"新建项目"对话框。此时，在"新建"选项区域中选中"项目"选项，然后单击"样板文件"选项区域的"浏览"按钮，选择最近使用的文件作为样板文件，单击"确定"按钮，即可新建相应的项目文件，如图 3-1 所示。

（2）快速访问工具栏。单击快速访问工具栏中的"新建"按钮，即可在弹出的"新建项目"对话框中按照上述操作方法新建相应的项目文件。

（3）应用程序菜单。与其他版本不同的是，Revit 2020 软件没有主界面左上角的图标，而是选择"文件"→"新建"→"项目"选项，如图 3-2 所示，即可在弹出的"新建项目"

对话框中按照上述操作方法新建项目文件。

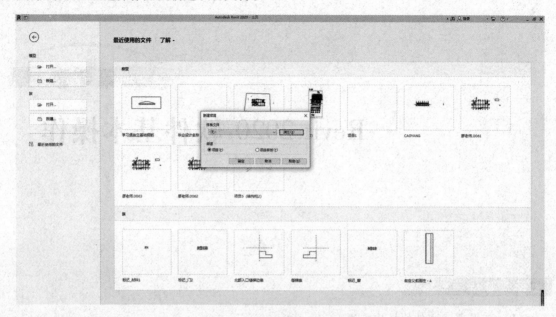

图 3-1　"新建项目"对话框

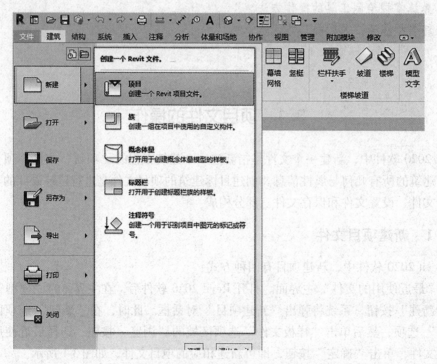

图 3-2　选择"文件"→"新建"→"项目"选项

（4）使用样板文件。在 Revit 2020 软件的样板文件中，已经定义了项目默认的初始参数，如默认的项目度量单位、楼层数量设置、层高信息、线型设置和显示设置等，作为系统

默认配置的文件模板。在此基础上，允许用户根据
自己的要求，重新定义样本文件中的相关内容，并
保存为新的 ".rte" 文件，如图 3-3 所示。

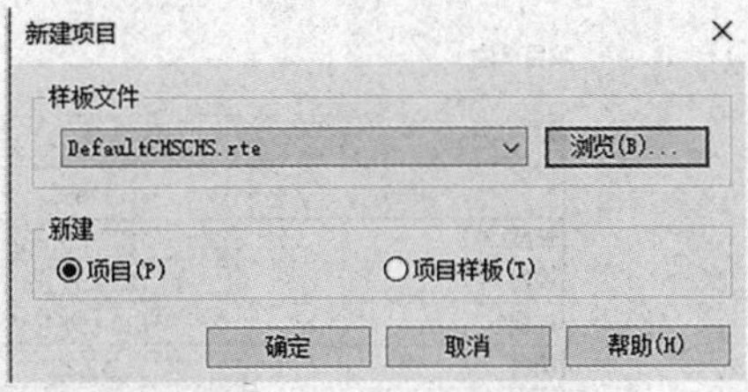

3.1.2　设置项目文件

使用 Revit 2020 软件建模之前，需要对新建的
项目文件进行基本的项目设置。

图 3-3　系统默认的样板文件

1. 设置项目的基本信息

在"管理"选项卡的"设置"面板中，单击"项目信息"按钮，系统将弹出"项目信
息"对话框，如图 3-4 所示。用户可依次在"项目发布日期""项目状态""客户姓名"
"项目地址""项目名称"和"项目编号"文本框中输入相应信息。例如：单击"项目地
址"后的文本框，即可以在文本框中输入相应的项目地址信息；单击"能量设置"后的
"编辑"按钮，系统将弹出"能量设置"对话框，用户可以对"模式""地平面""工程阶
段"等参数信息进行设置，如图 3-5 所示。

图 3-4　"项目信息"对话框

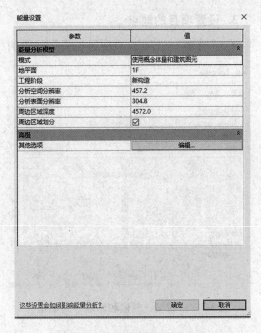

图 3-5　"能量设置"对话框

2. 设置项目的基本单位

在系统提供的样板文件中，已经配置了基本的单位，但在具体设计之前，用户还可以根
据实际的项目要求对基本单位重新进行配置。在"管理"选项卡"设置"面板中单击"项
目单位"按钮，系统弹出"项目单位"对话框，如图 3-6 所示。

在"项目单位"对话框中，单击各单位参数后的"格式"按钮，在弹出的"格式"对
话框中进行相应的单位设置，如图 3-7 所示。

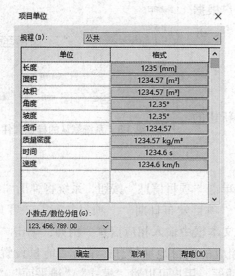

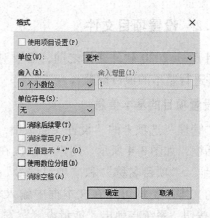

图 3-6　"项目单位"对话框　　　　　　　　图 3-7　"格式"对话框

3. 设置项目的地点

在"管理"选项卡"项目位置"面板中，单击"地点"按钮，系统弹出"位置、气候和场地"对话框（图 3-8）。在如图 3-8 所示的对话框中，"定义位置依据"下拉列表中选择"默认城市列表"选项，然后再通过"城市"下拉列表框，以及"纬度"和"经度"文本框来设置项目的地理位置。

图 3-8　"位置、气候和场地"对话框

4. 设置操作对象的捕捉

为了在设计中能够精确捕捉和定位，用户还可以根据个人的操作习惯来设置对象的捕捉功能。返回"管理"选项卡，在"设置"面板中单击"捕捉"按钮，系统弹出"捕捉"对话框，如图 3-9 所示。在此对话框中，用户可设置长度和角度的捕捉增量，以及启用相应的对象捕捉类型。

3.1.3　保存项目文件

在 Revit 2020 软件中，用户完成模型的创建和编辑后，需要将当前模型保存到指定的文件夹。用户可以在快速访问工具栏单击"保存"按钮直接保存默认文件夹，也可以选择"文件"→"另存为"→"项目"，如图 3-10 所示。输入项目文件的名称，并指定相应的路径保存该文件。

小技巧：在使用 Revit 2020 软件的过程中，应每隔 10 ～ 20 min 保存一次。定期保存是为了防止突发情况，如电源被切断、错误编辑等故障，尽可能做到防患于未然。另外，还可以利用 Revit 2020 软件的为用户提供的保存提醒方法进行保存文件。单击主界面左上角的图标，在展开的下拉菜单中单击"选项"按钮，系统弹出"选项"对话框，如图 3-11 所示。此时，在"通知"选项区域中设置相应的时间参数即可。

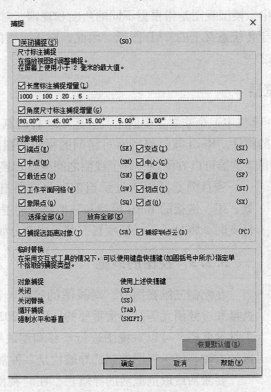

图 3-9　"捕捉"对话框

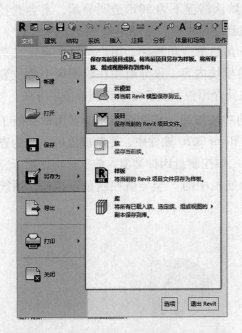

图 3-10　"文件"→"另存为"→"项目"

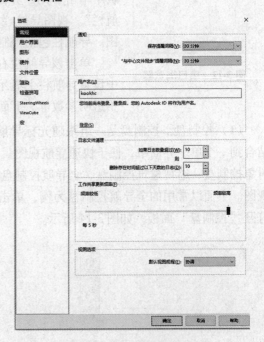

图 3-11　"选项"对话框

3.2 模型视图的操作

在 Revit 2020 软件中，模型视图是指根据不同的角度和规则，对于所建项目的三维模型进行的投影显示，不同于传统意义上的 CAD 图纸。因此，对于视图的操作和控制也是 Revit 软件最重要的基本操作之一。

3.2.1 项目浏览器

项目浏览器是 Revit 软件中一个非常重要的工具，运用项目浏览器可以非常方便地查看模型，寻找模型中指定的构件。Revit 软件将所有可访问的视图和图纸等都放置在项目浏览器中进行管理，使用项目浏览器可以方便地在各个视图之间进行切换操作。

项目浏览器用于显示当前项目中所有视图、明细表、图纸、族、组、链接的 Revit 模型和其他部分的逻辑层次。展开和折叠各分支时，将显示下一层项目，其组成部分如图 3-12 所示。

3.2.2 视图的浏览

在绘制三维视图时，对视图的控制、各个视图之间的切换及选择和过滤图元等是非常重要的。Revit 2020 软件提供了视图导航工具导航栏，可以对视图进行平移和缩放等操作，一般位于绘图区的右侧。用于视图控制的导航栏是一种常用的工具集。

要激活或取消激活的导航栏，在"视图"选项卡"窗口"面板中单击"用户界面"下拉按钮，在下拉列表中选中或清除"导航栏"。视图导航栏在默认情况下为 50% 透明显示，不会遮挡视图。导航栏包括控制盘和缩放控制，如图 3-13 所示。

图 3-12 项目浏览器

单击该导航栏右下角的下三角按钮，用户可以在自定义菜单中设置导航栏上显示的模块内容、该导航栏在绘图区中的位置和不透明参数等。下面主要介绍控制盘和缩放控制的使用方法。

（1）控制盘。控制盘是一组跟随光标导航的功能按钮，它能够将多个常用的导航工具结合到一个单一界面中，便于快速导航视图。在 Revit 2020 软件中，控制键盘可以分为查看对象控制盘、巡视建筑控制盘、全导航控制盘和二维控制盘四种类型。前三种均适用于三维视图。下面以常用的全导航控制盘为例，单击导航栏中的"全导航控制盘"按钮，系统将打开"控制盘"面板，如图 3-14 所示。

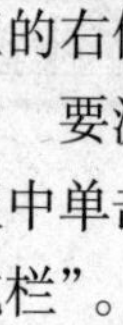

图 3-13 导航栏 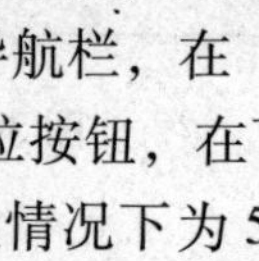　　　**图 3-14 "控制盘"面板**

"控制盘"面板中各主要视图导航工具的含义如下：

1）平移。移动光标到视图中的合适位置，然后单击"平移"按钮并按住鼠标左键不放，光标将变为十字四边箭头形状。此时，拖动鼠标即可平移视图。

2）缩放。移动光标到视图中的合适位置，然后单击"缩放"按钮并按住鼠标左键不放，系统将在光标位置放置一个绿色的球体，把当前光标位置作为缩放轴心，同时光标将变成放大镜的形状。此时，拖动鼠标即可缩放视图，且轴心随着光标位置变化。

3）动态观察。单击"动态观察"按钮并按住鼠标左键不放，光标将变为旋转双箭头形状，且同时在模型的中心位置将显示绿色轴心球体。此时，拖动鼠标即可围绕轴心点旋转模型。

4）回放。利用回放工具可以从导航历史记录中检索以前的视图，并可以快速恢复到以前的视图，还可以滚动浏览所有保存的视图。单击"回放"按钮并按住鼠标左键不放，此时向左侧移动鼠标即可滚动浏览以前的导航历史记录。若要恢复到以前的视图，只需在该视图记录上松开鼠标左键即可。

5）中心。单击"中心"按钮并按住鼠标左键不放，光标将变为一个球体，此时，拖动鼠标到某构件模型上松开鼠标放置球体，即可将该球体作为模型的中心位置。在视图的控制操作过程中，缩放和动态观察都会使用到该中心。

6）环视。利用该工具可以沿垂直和水平方向旋转当前视图，且旋转视图时，人的视线将围绕当前视点旋转。单击"环视"按钮并按住鼠标左键不放，光标将变为左右箭头弧形状。此时拖动鼠标，模型将围绕当前视图的位置旋转。

7）向上/向下。利用向上/向下工具可以沿模型的 Z 轴来调整当前视点的高度。单击"向上/向下"按钮并按住鼠标左键不放，此时上下拖动鼠标即可。

小技巧：二维控制图适用于平面、立面、剖面等二维视图，且只有缩放、平移和回放导航功能。其操作方法与全导航控制盘中的方法相同，在此不再赘述。另外，如果设置控制盘中的相关参数，可以单击控制盘面板右下角的下三角按钮，在展开的下拉菜单中选择"选项"选项，系统将弹出"选项"对话框，并自动切换至控制盘选项卡，如图 3-15 所示。此时，用户即可对控制盘的尺寸大小和文字可见性等相关参数进行设置。

在任何视图中，按住鼠标滚轮移动鼠标即可平移视图；滚动鼠标中间滚轮，即可缩放视图；按住 Shift 键和

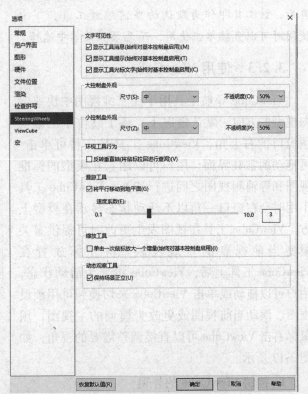

图 3-15　设置控制盘参数

鼠标滚轮，即可动态观察视图。

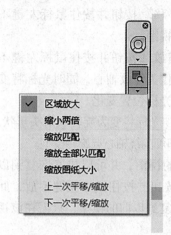

图 3-16　缩放控制

（2）缩放控制。缩放控制工具集位于导航栏下方，主要包含多种缩放视图方式，用户可以单击缩放工具下的下三角按钮，在展开的下拉菜单中选择相应的工具缩放视图，如图 3-16 所示。

各主要工具的用法如下：

1）区域放大。选择区域放大工具，然后用光标单击捕捉要放大区域的两个对角点，即可放大显示该区域。

2）缩小两倍。选择缩小两倍工具，即可以当前视图窗口的中心点为中心，自动将图形缩小至原来的 1/2 以显示更多区域。

3）缩放匹配。选择缩放匹配工具，即可在当前视图中自动缩放以充满显示所有图形。

4）缩放全部以匹配。当同时打开显示几个视图窗口时，选择缩放全部以匹配工具，即可在所打开的窗口中自动缩放以充满显示所有图形。

5）缩放图纸大小。选择该工具，即可将视图自动缩放为实际打印大小。

小技巧：在下拉菜单中选择了某一个缩放工具后，该工具即作为默认的当前缩放工具，下次使用时可以直接单击使用，而无须从菜单中选择。

3.2.3　使用 ViewCube

ViewCube 导航工具用于在三维视图中快速定向模型的方向。默认情况下，该工具位于三维视图窗口的右上角，ViewCube 工具是一种可单击、可拖动的常驻界面，用户可以用它在模型的标准视图和等轴测视图之间进行切换。ViewCube 工具不用时会在窗口一角以不活动状态显示在模型上方。ViewCube 工具在视图发生更改时可提供有关模型当前视点的直观反映。将光标放置在ViewCube 工具上后，ViewCube 将变为活动状态，用户可以拖动或单击 ViewCube 来切换到可用预设视图、滚动当前视图或更改为模型的主视图，用鼠标右击 ViewCube 可以直接调整需要的视角，如图 3-17 所示。

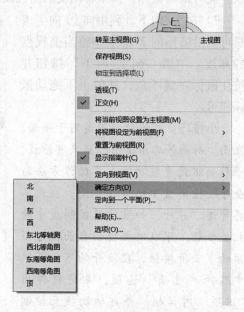

图 3-17　View 视角控制

1. 控制 ViewCube 的外观

ViewCube 工具以不活动状态或活动状态显示。当 ViewCube 工具处于不活动状态时，默认情况下，它显示为半透明状态，这样便不会遮挡模型的视图。当 ViewCube 工具处于活动状态时，它显示为不透明状态，并可能会遮挡模型当前视图中对象的视图。除控制 ViewCube 工具在不活动时的不透明度级别，用户还可以控制 ViewCube 工具的大小、位置、默认方向和指南针显示。

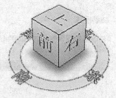

2. 使用指南针

指南针显示处于 ViewCube 工具的下方，指示模型定义的北向。可

图 3-18　指南针

以单击指南针上的基本方字母以旋转模型，也可以单击并拖动其中一个基本方向字母或指南针网环绕轴心点以交互方式旋转模型，如图 3-18 所示。

3.3　绘制工具的操作

用户在运用 Revit 2020 软件绘制柱、梁、板、墙、楼梯等模型时，都是通过运用基本的绘制工具来实现的。掌握这些基本绘制工具的操作方法是整个建模工作的基础和关键内容。因此，必须能够熟练操作这些基本的绘制工具。

3.3.1　指定工作平面

在绘制模型前，必须指定一个工作面来执行各种绘制操作，这个工作平面就是绘制平面。进入绘制模式后，在"建筑"选项卡"工作平面"面板中单击"设置"按钮，系统弹出"工作平面"对话框，如图 3-19 所示。在该对话框中，可以用以下三种方式设置工作平面。

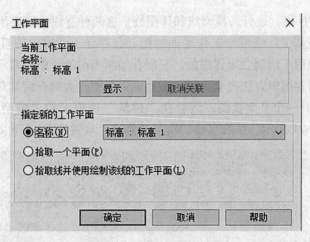

图 3-19　"工作平面"对话框

1. 通过"名称"指定工作平面

勾选对话框中"指定新的工作平面"选项区域中的"名称"选项，单击"名称"选项右侧的下三角箭头，在弹出的下拉列表中选择准备操作的工作平面，这些平面选项包括各个标高平面、轴网平台及已经命名的参照平面。单击"确定"按钮，就可以在选择的工作平面上进行绘制操作了。

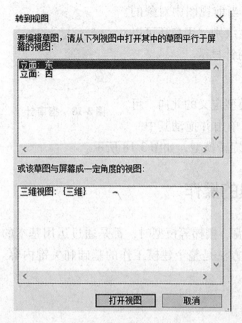

图 3-20 拾取工作平面

小技巧：Revit 软件默认的绘制平面是俯视楼层平面，如果需要在立面、剖面等非俯视面上进行绘制操作，则必须在绘制开始前重新设置好所需的绘制平面。

2. 通过"拾取平面"指定工作平面

勾选对话框中"指定新的工作平面"选项区域中的"拾取一个平面"选项，然后就可以手动选择轴网、标高、墙梁板等各种模型构件的表面、以及各种参照平面来作为工作平面。当在平面视图中选择相应的模型表面后，系统将自动弹出"转到视图"对话框，如图 3-20 所示。此时，指定相应的视图作为工作平面即可。

3. 通过"拾取线并使用绘制该线的工作平面"指定工作平面

勾选对话框中"指定新的工作平面"选项区域中的"拾取线并使用绘制该线的工作平面"选项，然后就可以在平面视图中手动选择已有的线，即可创建该线的工作平面。

3.3.2 绘制各种模型线

在 Revit 2020 软件中，线分为模型线和详图线。这两种直线分别应用于三维和二维空间中。其中，模型线是基于三维模型工作平面的图元，存在于三维空间且在所有视图中均可见，而详图线则是专用于绘制二维详图的，只能在绘制当前的详图时显示。

这两种线的绘制和编辑方法完全一样。下面就以模型线为例介绍其具体的绘制方法：在 Revit 2020 软件中打开一个平面视图，然后在"建筑"选项卡的"模型"面板中单击"模型线"按钮，如图 3-21 所示。系统自动切换至"修改 | 放置 线"上下文选项卡。

图 3-21　"修改 | 放置 线"选项的线绘制模式

在"线样式"面板的"线样式"下拉列表中，选择所需的线型样式，然后在"绘制"面板中单击选择相应的工具，即可在绘图区绘制模型线。完成各线图元的绘制操作后，按 Esc 键即可退出绘制状态。

1. 绘制直线

"直线"是系统默认的绘制线型工具。在"绘制"面板中单击"直线"按钮，系统将在功能区选项卡下方弹出相应的直线绘制选项栏，如图 3-22 所示。

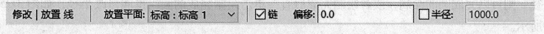

图 3-22　绘制选项栏

在选项栏中，勾选"链"选项将绘制出连续直线。如在工作平面上连续捕捉相应的点将绘制出连续线，若取消"链"选项则只能通过捕捉两点绘制单一直线。

在选项栏中，若设置"偏移"的具体数值，则实际绘制的直线将相对捕捉点的连线偏移到指定的距离。

小技巧：设置"偏移"的具体数值，则实际绘制的直线将相对捕捉点的连线偏移到指定的距离。该功能在绘制平行线时的作用明显。

在选项栏中，通过勾选"半径"并设置具体数值，在绘制连续的直线时，系统将在转角处自动创建指定尺寸的圆，如图 3-23 所示。

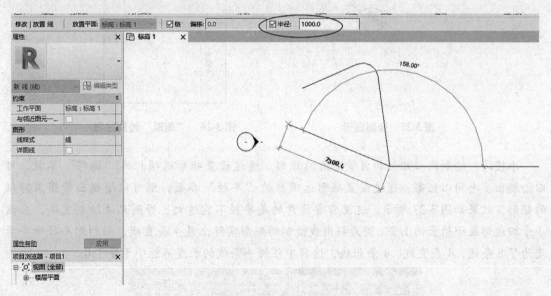

图 3-23　绘制直线圆角

2. 绘制圆

在"绘制"面板中单击"圆"按钮（图 3-24），系统将在功能区选项卡下方弹出相应的圆形绘制选项栏。

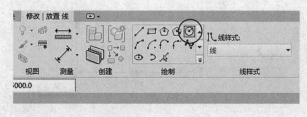

图 3-24　"圆"按钮

在工作平面捕捉一点作为圆中心，移动光标捕捉一个内接圆的半径点，或直接输入圆直径，则可以完成圆的绘制，或者绘制完成后直接单击绘制完成的圆，也能修改半径，如图 3-25 所示。

小技巧：绘制同心圆。通过设置圆形选项栏的"偏移量"参数，可以绘制出多个同心圆。

3. 绘制矩形

在"绘制"面板中单击"矩形"按钮，系统将在功能区选项卡下方弹出相应的矩形绘制选项栏。

具体操作如下：在工作平面中单击捕捉一个点作为矩形一个角点，然后拖动鼠标至相应的位置捕捉第二个点作为矩形对角线的另一个角点，即可完成矩形绘制。同时，用户可以通过双击矩形框旁蓝色的临时尺寸框来修改该矩形的定位尺寸，如图 3-26 所示。

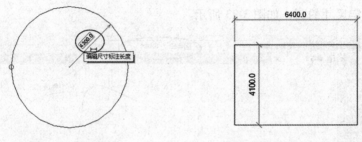

图 3-25　绘制圆形　　　　　　图 3-26　"矩形"绘制过程

小技巧：绘制同心矩形和自带圆角的矩形。通过设置矩形选项栏的"偏移"参数，可以绘制出多个同心矩形；通过设置矩形选项栏的"半径"参数，则可以绘制出带圆角特征的矩形，效果如图 3-27 所示。这里需要注意的是半径不能过大，否则无法绘制完成，应该小于四边形最小边长的 1/2。因为利用线绘制的矩形实际上是 4 条直线，而利用半径命令后变为了 8 条线，4 条直线、4 条曲线，这其中任何一条线的长度不能小于等于 0。

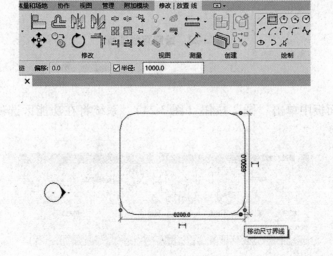

图 3-27　"自带圆角矩形"绘制过程

4. 绘制内接和外切多边形

在"绘制"面板中单击"内接多边形"按钮，系统将在功能区选项卡下方弹出相应的内接多边形绘制选项栏。

在多边形绘制选项栏的参数设置中，输入相应的边数，然后在工作平面捕捉一点作为内接圆中心，移动光标捕捉一个内接圆的直径点，或直接输入圆直径，则可以完成内接多边形的绘制，如图 3-28 所示。

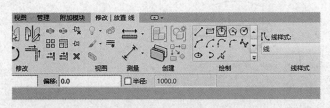

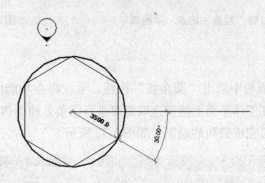

图 3-28 绘制内接多边形

外切多边形的绘制设置和操作与内接多边形相同，这里不再赘述。

5. 绘制圆弧

在 Revit 中，有多种圆弧绘制方式，最常用的有以下三种：

（1）起点－终点－半径圆弧。在"绘制"面板中单击"起点－终点－半径圆弧"按钮，系统将在功能区选项卡下方弹出相应的圆弧绘制选项栏。

在工作平面上捕捉两点作为圆弧的起点和终点，移动光标来确定圆弧的方向和弧度，也可以直接输入半径值确定弧度，即可完成圆弧的绘制，如图 3-29 所示。

（2）圆心－端点弧。在"绘制"面板中单击"圆心－端点弧"按钮，系统将在功能区选项卡下方弹出相应的圆弧绘制选项栏。

在工作平面上捕捉一点作为圆中心，移动光标捕捉一个合适半径的点作为圆弧起点，然后再确定另一个终点，即可完成绘制圆弧，如图 3-30 所示。

（3）相切－端点弧。在绘制面板中单击"相切－端点弧"按钮，系统将在功能区选项卡下方打开相应的圆弧形绘制选项栏，在工作平面上捕捉与模型线的端点作为圆弧的起点，然后移动光标捕捉弧的终点，即可完成弧形绘制，如图 3-31 所示。

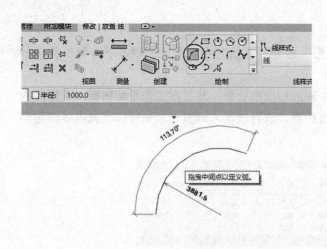

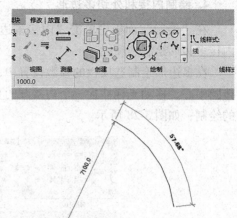

图 3-29　绘制"起点 - 终点 - 半径弧"　　　　图 3-30　绘制"圆心 - 端点弧"

6. 绘制圆角

在"绘制"面板中单击"圆角弧"按钮，系统将在功能区选项卡下方弹出相应的圆角形绘制选项栏，在工作平面上捕捉选取需要进行圆角处理的两线段，然后移动光标确定圆角的半径尺寸，即可完成圆角的绘制，如图 3-32 所示。

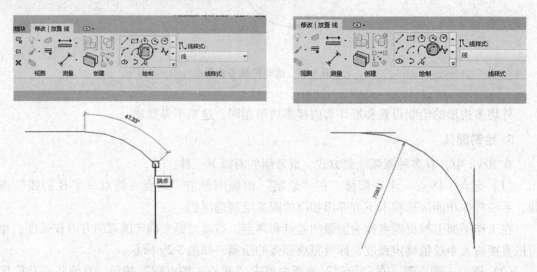

图 3-31　绘制"相切 - 端点弧"　　　　　　图 3-32　绘制"圆角"

7. 其他线条的绘制

利用"绘制"面板的其余工具还可以绘制其他线型。

（1）样条曲线。单击"样条曲线"按钮，然后在工作平面中依次单击捕捉相应的点作为控制点即可。

（2）椭圆。单击"椭圆"按钮，然后在工作平面中依次单击捕捉所绘椭圆的中心点和两轴方向的半径端点即可。

（3）半椭圆。单击"半椭圆"按钮，然后在工作平面中依次单击捕捉所绘半椭圆的起点、终点和轴半径端点即可。

（4）拾取线。单击"拾取线"按钮，然后在工作平面中单击选取现有的墙或楼板等各种已有图元的边，即可快速生成相应的线。

3.4　编辑工具的操作

在 Revit 软件中，对墙、门、窗等各专业构件的编辑除使用专用编辑命令外，还可以使用"修改"选项卡中的各种编辑工具对图元进行移动、旋转、复制、修剪等常规编辑操作。下面对它们逐一进行介绍。

3.4.1　移动图元

在不改变被编辑图元具体形状、大小和角度的基础上，对图元的放置位置进行重新定位

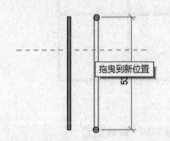

图 3-33　直接拖曳构建

操作。用户可以通过"单击拖曳式""键盘方向键""移动"工具选项卡、"对齐"工具选项卡等方式对图元进行相应的移动操作。

（1）单击拖曳式移动。启动状态栏中的"选择时拖曳图元"功能，然后在工作平面图上单击选择相应的图元，并按住鼠标左键不放，拖动鼠标将该图元移动到需要位置即可完成移动，如图 3-33 所示。

（2）键盘方向键移动。在工作平面图上单击选择相应的图元后，用户也可以使用键盘上的向上、向下、向左、向右四个方向键来移动该图元。

（3）"移动"工具选项卡移动。在工作平面图上单击选择相应的图元后，在弹出的上下文中选项卡"修改"面板中单击"移动"按钮（图 3-34），然后在平面视图中选择一点作为移动的起点，并输入相应的距离参数，或选中指定移动的终点，即可完成该图元的移动操作。

（4）"对齐"工具选项卡移动。在工作平面图上单击选择相应的图元后，在弹出的上下文选项卡"修改"面板中单击"对齐"按钮，系统在功能区选项卡下方弹出"对齐"选项栏，然后在"首选"项的下拉菜单中选择相应的图元对齐参照方式。

图 3-34　移动图命令

例如，在参照方式中选择"参照墙面"选项，在工作平面中单击选择相应墙线作为对齐的参照，然后再单击选择要对齐的图元的墙线，即可完成图元的对齐移动。如图 3-35 所示，选择好参照选项后，先单击 1，再单击 2，完成后变为一个"田"字。

3.4.2　旋转图元

"旋转"功能是在不改变被编辑图元具体形状和大小的基础上，将图元围绕指定点进行一定角度的旋转操作。它也是对图元位置的重新定位操作。选择工作平面上的图元，在弹出的上下文选项卡"修改"面板中单击"旋转"按钮。此时，在所选图元外围将出现一个虚线矩形框，且中心位置显示一个旋转中符号。用户可以通过移动光标依次指定旋转的起始和终止位置来旋转该图元，如图 3-36 所示。当然，也可以运用旋转角度参数设置来完成精确旋转。

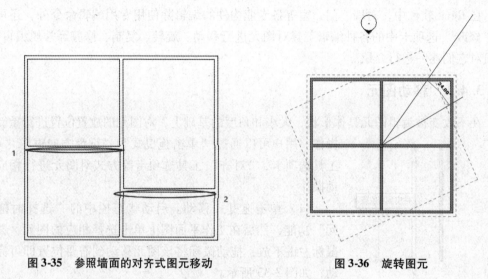

图 3-35　参照墙面的对齐式图元移动　　　　图 3-36　旋转图元

3.4.3　复制图元

用户需要绘制多个相同或相似的图元时，通过运用"复制""镜像""阵列"等方式对源图元进行操作，可以轻松实现目的。

（1）"复制"式。单击选择图元后，在弹出的上下文选项卡"修改"面板中单击"复制"按钮，在工作平面上单击鼠标捕捉一点作为参考点，然后拖动光标移动至目标点，或输入指定距离参数，即可完成复制操作，如图 3-37 所示。"复制"与"移动"功能的区别在于源图元是否还存在："复制"后源图元还在原位置，而"移动"后源图元将消失。

小技巧：多目标的复制：在打开的"复制"选项栏中勾选"多个"复选框，则可以连续复制多个副本。

（2）"镜像"式。"镜像"功能是对源图元按照指定的镜像轴创建出行的轴对称图元。新图元与源图元不同，它们是两种刚好相反的形状，呈现出左右对称性。用户可以通过"镜像-拾取轴""镜像-绘制轴"两种方式镜像图元：

1）"镜像-拾取轴"式镜像。单击选择要镜像的源图元后，在弹出的上下文选项卡的"修改"面板中单击"镜像-拾取轴"按钮，然后在工作平面上选取一条线作为对称轴，按 Enter 键即可完成镜像功能，如图 3-38 所示。

2）"镜像-绘制轴"式镜像。单击选择要镜像的源图元后，在弹出的上下文选项卡的

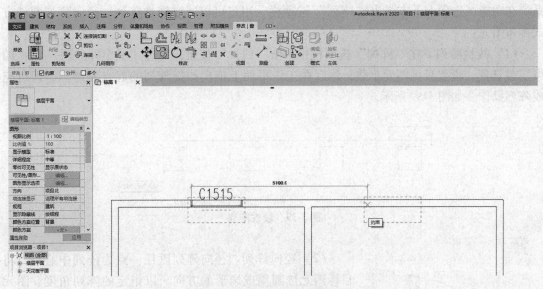

图 3-37 "复制"式复制图元

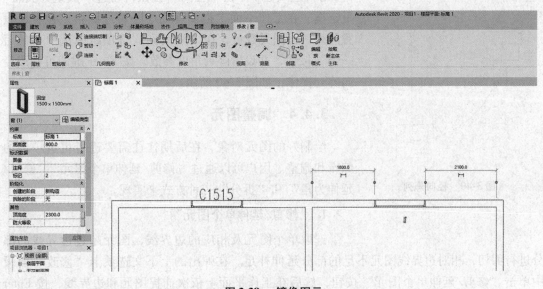

图 3-38 镜像图元

"修改"面板中单击"镜像－绘制轴"按钮，然后在工作平面上依次捕捉两点作为对称轴，按 Enter 键即可完成镜像功能，如图 3-38 所示。

小技巧：在绘制门窗和联排别墅等具有对称性质的图元时，可以只绘制一半，然后利用该工具镜像得到另一半。

3. "阵列"式复制

"阵列"功能是利用源图元一次性创建多个呈规律性排布、与源图元完全相同的副本目标图元。单击选取源图元后，在弹出的上下文选项卡的"修改"面板中单击"阵列"按钮，系统在功能区选项卡下方弹出"阵列"选项栏，用户可以通过线性阵列、径向阵列两种方式排布图元：

（1）线性阵列。在"阵列"选项栏中单击"线性"按钮，勾选"成组并关联"和"约束"复选框，设置目标图元个数，然后在工作平面上依次捕捉阵列的起点和终点，即可完成阵列操作，如图 3-39 所示。

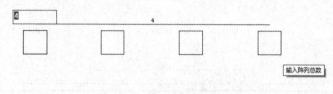

图 3-39　线性阵列

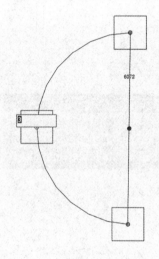

图 3-40　径向阵列

（2）径向阵列。径向阵列以任一点为阵列中心点，将目标图元按圆周或扇形的方向，以指定的阵列角度、图元个数或图元之间夹角为阵列值进行辐射型阵列复制。在"阵列"选项栏中单击"径向"按钮，勾选"成组并关联"复选框。在工作平面上拖动阵列中心符号到指定位置，设置阵列目标图元数量，在"移动到"选项组中选中"最后一个"按钮，并设置阵列角度参数，按 Enter 键即可完成径向阵列操作，如图 3-40 所示。

3. 4. 4　调整图元

绘制好的图元对象，在后期往往需要进行更进一步的编辑和调整。用户可以通过"修剪/延伸单个图元""修剪/延伸为角"和"拆分"三种方式来实现。

1. "修剪/延伸单个图元"

选取单个图元及相应的边界线，图元超过边界线的部分进行剪切，相对边界线图元不足的部分延伸补足。在弹出的上下文选项卡"修改"面板中单击"修剪/延伸单个图元"按钮，然后在工作平面上依次捕捉图元和边界线，按 Enter 键即可完成修剪功能，如图 3-41 所示。

2. "修剪/延伸为角"

选取两个图元，将它们之间相交角的位置作为编辑界限，两图元超过边界线的部分进行剪切，两图元相对边界线不足的部分延伸补足。在弹出的上下文选项卡"修改"面板中单击"修剪/延伸为角"按钮，然后在工作平面上依次单击两个图元，按 Enter 键即可完成修剪功能，如图 3-42 所示，只修剪了图中红圈部分，而不是只保留一个角。

3. "拆分"

"拆分"功能是将选定图元分割成两个单独部分。

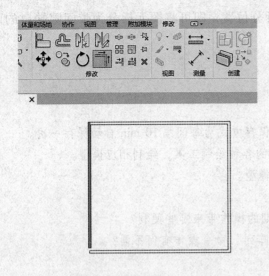

图 3-41 修剪/延伸单个图元   图 3-42 修剪/延伸为角

（1）拆分图元：在"修改"选项卡"修改"面板中单击"拆分图元"按钮，勾选或取消"删除内部线段"复选框，然后在工作平面中单击相应图元，即可将其拆分为两部分。如图 3-43 所示。

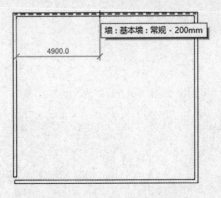

图 3-43 拆分墙体

（2）用间隙拆分。在"修改"选项卡"修改"面板中单击"用间隙拆分"按钮，系统在功能区选项卡下方弹出"用间隙拆分"选项栏，在"连接间隙"文本框中设置相应参数，然后在工作平面中的相应图元上单击选择拆分位置，即可将图元拆分为带间隙缺口的两部分。

课后练习

一、上机实训题

1. 新建一个名称为"办公楼"的项目，保存方式为每间隔 10 min 自动保存一次。
2. 运用"建筑"选项卡"构建"面板中的各种绘制工具，绘制相应模型。
3. 操作"控制盘"从不同角度观看三维模型。

二、思考题

1. 新建项目时使用项目样板，可以给后期的操作带来哪些便利？
2. 复制一个三角形，运用"镜像"和"阵列"命令操作有何不同？

标高与轴网

（1）掌握创建标高的方法。
（2）掌握编辑标高的方法。
（3）掌握创建轴网的方法。
（4）掌握编辑轴网的方法。
（5）熟悉标高与轴网的调整。

标高和轴网是立面、剖面和平面视图中最重要的定位依据。标高反映建筑构件在高度方向上的定位，轴网反映建筑构件在平面上的定位。两者关系密切，相互配合，共同反映了建筑构件的空间位置。建议采取"先创建标高，后创建轴网"的建模步骤。

4.1　标高

标高用于定义建筑的垂直高度或楼层高度。标高命令只能在立面或剖面中操作。因此，标高的创建与编辑必须将视图转换到立面或剖面上才能进行。

启动 Revit 2020，在启动界面中新建一个项目，在"样板文件"选择区单击"浏览"按钮，在弹出"选择样板"对话框中选择 China 目录下的 DefaultCHSCHS. rte，如图 4-1 所示。

该文件名可以在"文件"下的"另存为"中更改并保存为本项目所需要的项目名称，如图 4-2 所示。

默认情况下，绘图区域中显示的"楼层平面"为标高 1。

图 4-1　"新建项目"对话框

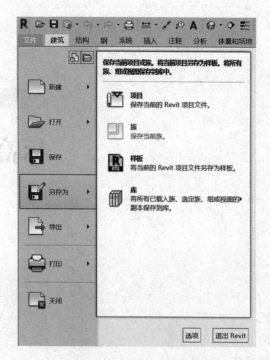

图 4-2　保存为项目所需名称

在"项目浏览器"窗口中展开"视图〈全部〉"→"立面〈建筑立面〉"→"东",双击"东"进入东立面视图,如图 4-3 所示。图中的倒三角为标高图标,图标上的数值为标高值,默认单位为 m。

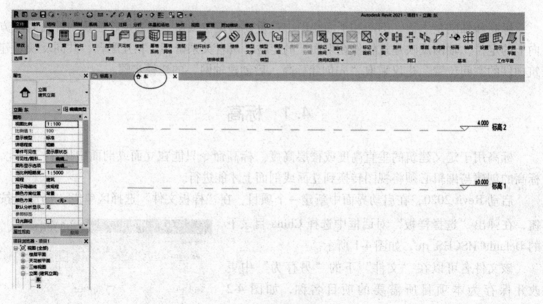

图 4-3　东立面视图

将光标移动到"标高 1"处双击可以修改名称,改动的时候系统会提示"是否希望重命名相应视图?",将名称改为"1F"。同样,将"标高 2"处改为"2F"。"项目浏览器"窗口中"视图"→"楼层平面"展开如图 4-4 所示。

图 4-4　修改名称并保存为相应的楼层平面

将光标移动到"4.000"处双击鼠标左键,可以将标高值修改为"4.500"(单位为 m)。同样,鼠标左键单击"2F"标高线,会出现"4000.0"数值,单击该数值将其修改为"4500"(单位为 mm)。同时,单击"4500.0"右边的"⊢",可以给该距离添加一个标注;单击"⇀"可以添加弯头;单击"3D",可以在二维和三维之间进行切换,如图 4-5 所示。在 2D 中,标高的改动仅对东立面有效。

图 4-5　标高中各项参数的修改

Revit 2020 软件已经默认存在 2 个楼层平面及相对应标高。如果需要绘制其他楼层的标高,常用方法有手动绘制、拾取线绘制、利用阵列绘制、利用复制绘制四种。用户可根据适用情形和自身习惯选择相应方法。

4.1.1　手动绘制标高

在"建筑"选项卡"基准"面板中,单击"标高"按钮,进入手动绘制标高操作,系统跳转至"修改 | 放置 标高"上下文选项卡。在"绘制"面板中默认为绘制线,如图 4-6 所示。

在绘图区域进行绘制时,Revit 2020 软件会自动标注新楼层与最近的"2F"的距离。先绘制一条距离"2F"为 4 000 的轴线。当拖动鼠标接近 1F、2F 的标头位置时,系统会自动捕捉对齐,使绘制的新标高标头上下对齐。单击"2G",将名称修改为"3F",如图 4-7 所示。

图 4-6　手动与拾取绘制标高

图 4-7　手动绘制标高

4.1.2　拾取线绘制标高

拾取线绘制标高的方法特别适用于从 CAD 图纸中提取标高。单击"绘制"面板的"拾取线"按钮，可以直接将图中的某一水平线拾取出来并进行标高绘制。如图 4-8 所示，直接提取小楼房的第三层底边作为"标高 3"。拖动两边的"▉"可以让"标高 3"的标头与其他两个标高的标头对齐；单击左边"▉高 3"的"√"，可以取消标头；单击右边的"□"，可以将标头放置到右边。

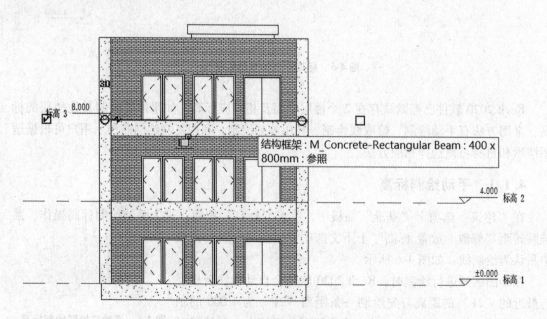

图 4-8　拾取线绘制"标高 3"

小技巧：当只需要标注一个平面的标高，而不需要生成一个标高平面时，可以采用拾取线方法来绘制标高。

4.1.3　利用阵列绘制标高

阵列标高适用于标高很多且高度差一致的项目。与 CAD 中的功能一样，阵列命令可以将多个单位以同种尺寸在某一方向进行阵列。

选择"标高 2"，在"修改 | 标高"上下文选项卡"修改"面板中单击"阵列"按钮"▦"，打开图 4-9 所示的阵列参数设置选项栏。

修改	标高	▦ ◑▯ □成组并关联　项目数: 2	移动到: ◉第二个 ○最后一个　□约束

图 4-9　"阵列参数"选项栏

将"项目数"后的参数"2"修改为"4"，这 4 个项目包括原有的"标高 2"；取消勾选"成组并关联"，这样产生的每个标高都是单独个体，而不是一个整体；"移动到"后的选项"第二个"指第一个到第二个标高的距离，"最后一个"指第一个到最后一个标高的距离。如果选择"第二个"，则依次生成的标高 3 为 8.5 m，标高 4 为 12.5 m，标高 5 为16.5 m，如图 4-10 所示。如果选择"最后一个"，则依次生成标高 3 为 5.833 m，标高 4 为7.167 m，标高 5 为 8.5 m。"约束"，指阵列的方向只能是垂直或者水平。

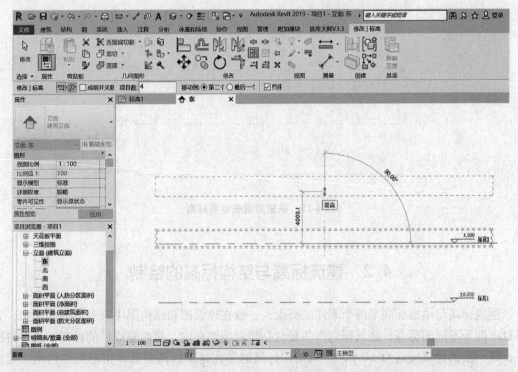

图 4-10　阵列绘制标高

4.1.4　利用复制绘制标高

由于项目已经默认了"标高 1"和"标高 2"，则可以通过单击"标高 2"，在"修改 |

标高"上下文选项卡"修改"面板中单击"复制"按钮，系统在功能区选项卡下方弹出"复制"选项栏。在选项栏中勾选"约束"选项，可以保证方向为垂直；勾选"多个"，可以连续进行复制。从"标高 2"的位置开始进行复制，Revit 2020 中可以自动显示标高的位置。用"复制"命令进行标高的复制可以方便快速地绘制各层标高，按实例图中各层标高绘制的结果如图 4-11 所示。

图 4-11   根据层高表绘制标高

4.2   建筑标高与结构标高的绘制

建筑标高与结构标高是两个不同的概念，一般在建筑图和结构图中会有详细的说明，分别对应两个不同的标高，建筑标高指的是包括楼面装饰在内，装修完成后的标高。通常情况下，第一层的建筑标高为 ±0.000。而结构标高通常比建筑标高要低，指的是结构施工完成后原始构件的标高。建筑标高 = 结构标高 + 装饰层厚度。

4.2.1   建筑标高与结构标高的转换设置

为了让系统能快速地将建筑标高转换为结构标高，可以在"协作"选项卡"坐标"面板中单击"复制/监视"按钮，选择"使用当前项目"，如图 4-12 所示。

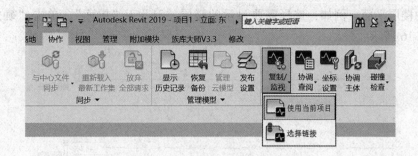

图 4-12 结构标高与建筑标高的协作

单击图 4-13 所示的"复制"按钮，然后在图 4-14 所示的"其他复制参数"中将"标高偏移"设定为 -40（此处设置的楼板标高为结构标高，结构标高比建筑标高低 40 mm 的装饰层厚度。）；勾选"重用具有相同名称的标高"；将"为标高名称添加前缀"设定为结构标高。

图 4-13 "选项"工具命令

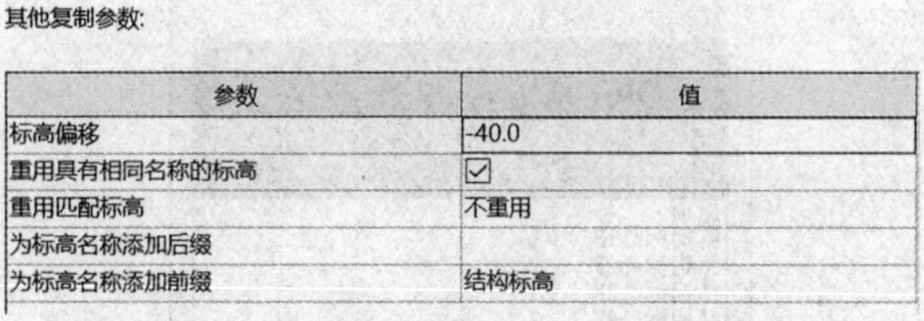

其他复制参数：

参数	值
标高偏移	-40.0
重用具有相同名称的标高	☑
重用匹配标高	不重用
为标高名称添加后缀	
为标高名称添加前缀	结构标高

图 4-14 设置结构标高与建筑标高的转换

设置好结构标高和建筑标高的转换后，单击图 4-13 所示的"复制"命令，勾选"多个"，选择除屋顶以外的所有标高，最后选择完成。

完成后可以看到立面生成以结构标高为前缀的标高。由于相差很小，所以，建筑与结构标高显示相互重叠。单击结构标高上的"➜"添加弯头，以分开显示层次，效果如图 4-15 所示。

小技巧：在施工图中，建筑图纸所示的楼板标高为建筑标高；结构图纸所示的楼板标高为结构标高。

4.2.2 楼层平面的手工设置

绘制完建筑标高后，如果在项目浏览器中没有自动生成相对应的楼层平面，则需要手动生成所需的楼层平面。例如：选择需要显示的楼层"3F"~"屋面"，单击"确定"按钮，添加如图 4-16 所示。

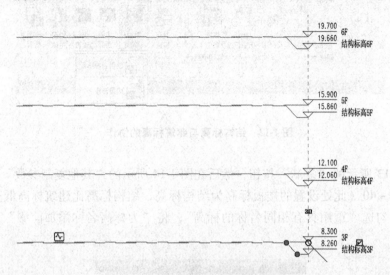

图 4-15　结构层高与建筑标高完成图

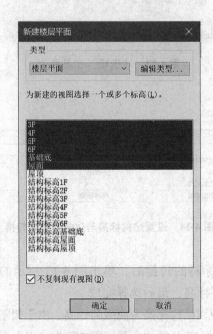

图 4-16　创建楼层平面

4.2.3　结构楼层平面的手工设置

在"视图"选项卡"创建"面板中单击"平面视图"按钮，在下拉列表中选择"结构平面"（图 4-17），系统弹出"新建结构平面"对话框，在"类型"选项区选择"结构平面"，在文本框中选择"结构标高 1F"~"结构标高基础底"。

完成以上操作，就可以在图 4-18 所示的"项目浏览器"中查看到已经生成的楼层平面和结构楼层平面。

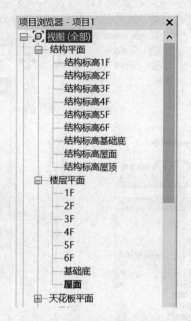

图 4-17　"平面视图"下拉列表　　　　图 4-18　项目浏览器中生成的结构平面与楼层平面

小技巧：可以通过单击"项目浏览器"中的错误平面和多余平面用键盘的"Delete"键进行删除。如果误删，重复上面的创建步骤。

4.3　轴网的绘制步骤

第一步：选择一个平面视图绘制

轴网是模型创建与定位的关键。绘制轴网可以在"建筑"选项卡或者"结构"选项卡的"基准"面板中，单击"轴网"按钮进行绘制，如图 4-19 所示。在弹出的"修改 | 放置 轴网"上下文选项卡"绘制"面板中，普通轴网绘制一般会用到左边的几个绘制命令，"多段"命令是用来绘制特殊轴网的。

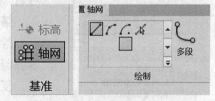

图 4-19　绘制轴网的工具

选择楼层平面"1F"。用默认的绘制命令在绘图区域绘制出第一根垂直的轴线。

第二步：轴网类型的修改与编辑

Revit 2020 软件中默认的轴网是 6.5 mm 编号间隙的轴网。单击"属性"面板中的"编辑类型"按钮，弹出图 4-20 所示的"类型属性"对话框可以对轴网类型进行重新选择，①中的内容用于改变轴号的宽度。②中的内容用于选择是否选择轴号端点。③中的内容用于选择轴线的中间是连续的还是断开的，默认是断开的。如果选择自定义，还能更改轴线中段的宽度、颜色和类型（如实线、点画线等）。④中的内容用于修改轴线末端的宽度、颜色、类型和末端长度，如默认的轴线，中段是没有显示的，显示的轴线只有末端长度 25 mm。

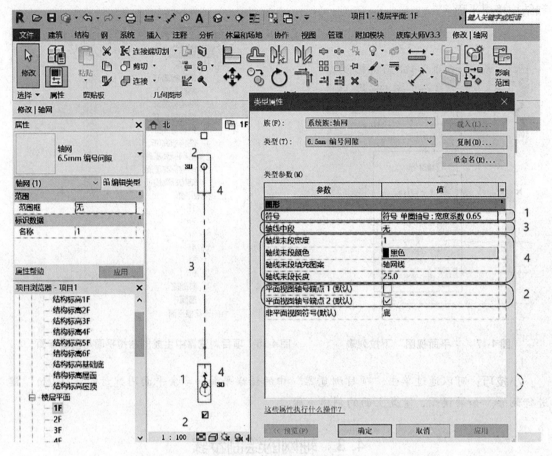

图 4-20   轴网类型的编辑

图 4-21   轴网编号间隙的修改

在"属性"面板中单击"轴网"后的下三角箭头，即可对"6.5mm 编号间隙"的轴网进行编辑，如图 4-21 所示。

第三步：绘制轴网

绘制轴网的方法和工具有很多。常用的轴网绘制方法和步骤与标高绘制相同，可以采用直接绘制，拾取载入图纸轴线，复制，阵列等，这里不再重复讲解。以下讲解轴网的镜像绘制方法。首先，绘制轴线①、②、③、④，然后通过拾取轴或绘制轴为对称线的方式进行镜像。由于已经完成了 4 根轴线的绘制，现在直接拾取轴线④为对称线进行镜像，完成竖轴的绘制，同理完成横轴的绘制。最后的轴网效果如图 4-22 所示。

第四步：轴网标头的修改

当标头过大或过小的时候，如图 4-23 所示，需要对标头进行调整。

标头的调整方式有以下三种：

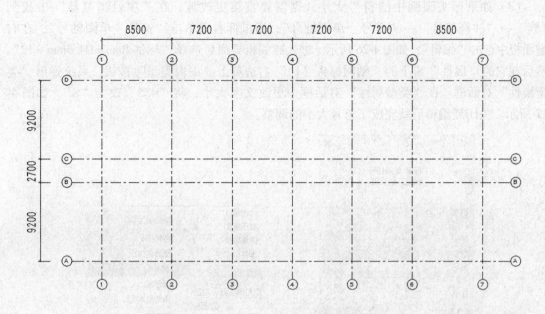

图 4-22　镜像绘制轴网

（1）可以通过调整类型属性中的符号大小来实现。Revit 2020 软件为标头圆圈内的符号给定了三种宽度系数，分别为 0.5、0.65、1.2，如图 4-24 所示，用以调整符号大小。

（2）如果将宽度系数调小到 0.5 仍然不能完全放进圈内，可以

图 4-23　过大的标头

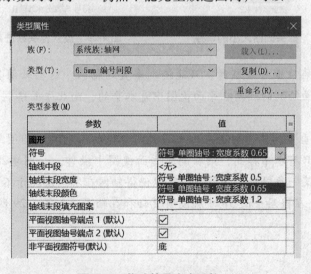

图 4-24　修改符号宽度系数

通过调整标头圆圈的大小来实现。在"项目浏览器"中找到"族"→"注释符号"→"符号_单圈轴号"→"宽度系数 0.65"，在"属性"面板"轴网标头"的"尺寸标注"中，将"半径"右侧圆圈中的"4"改为"6"即可，如图 4-25 所示。

（3）如果标头圆圈中的符号太小，则需要直接更改族。在"项目浏览器"中找到"族"→"注释符号"→"符号_ 单圈轴号"，用鼠标右键单击"符号_ 单圈轴号"，在右键面板中点击"编辑"，如图 4-26 所示。进入族编辑界面后选择"标签 RomanD4.5mm－12"。然后在它的"属性"窗下的"轴网标头（1）"右边单击"编辑类型"按钮，系统弹出"类型属性"对话框。在"类型属性"对话框中更改文字大小，将"4.5"改为"8"，如图 4-27 所示。关闭族编辑后就完成了符号大小的调整。

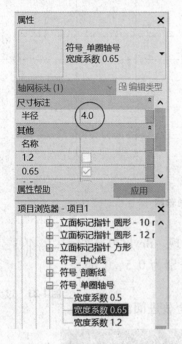

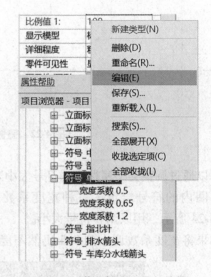

图 4-25　标头圆圈大小的调整　　　　图 4-26　载入标头族进入编辑

小技巧：（1）在立面中绘制时，只能绘制垂直的轴网，这些轴网其实在平面中是可见的，并且在东西立面绘制的轴网在平面视图中是水平的，南北立面绘制的轴网在平面视图中是垂直的。

（2）如果只有垂直标高，则在东西立面视图中拖动蓝色的小圆圈到超过 5 层以上的位置，反之，如果是只有水平标高，则在南北立面视图中操作，如图 4-28 所示。再单击解锁后，可以单独拖动某一条轴线，用该方法可以使得轴网在不同层显示不同，再把②轴和⑤轴拖动到 5F 以下后，在楼层平面 5F 中就没有②轴和⑤轴了，如图 4-29 所示。

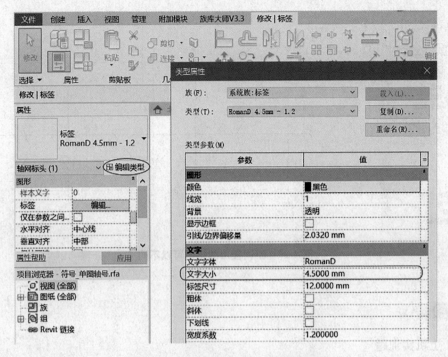

图 4-27　标头圆圈内符号大小的调整

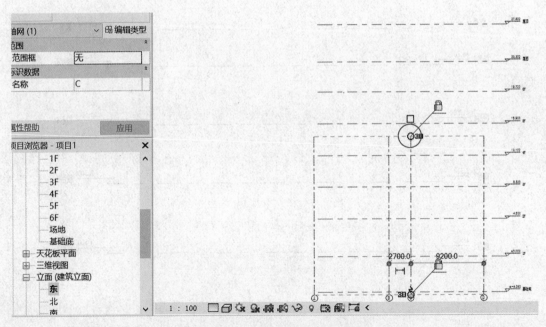

图 4-28　拖动圆圈使得水平轴线显示

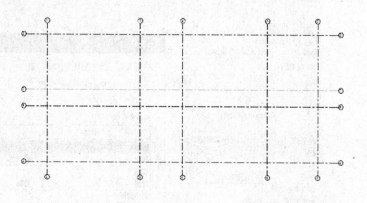

图 4-29　不同楼层的轴网可以不同

课后练习

一、上机实训题

1. 根据图 4-30 中的标高值，绘制实例标高。

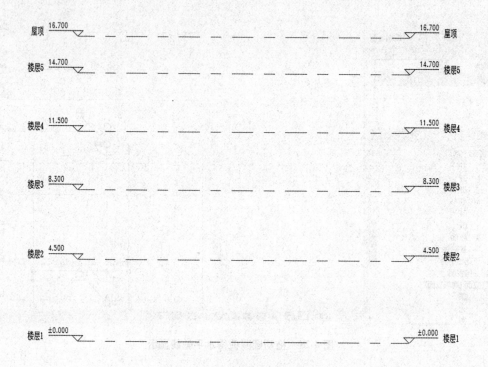

图 4-30　不同楼层的标高值

2. 根据图 4-31 中的轴距值，绘制实例轴网。

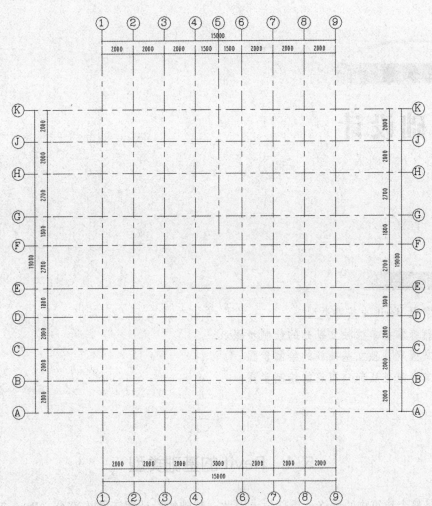

图 4-31 轴网图

二、理解思考题

1. 简述建筑标高与结构标高的区别和联系。
2. 水平轴线与垂直轴线的轴距调整是在同一面板中设置吗？

三、项目综合题

根据本书提供的项目实例图，完成该项目的轴网及标高设置。

第 5 章

基础设计

★学习目标

（1）掌握 Revit 的基础类型。
（2）熟练掌握单柱独立基础的绘制步骤。
（3）掌握双柱独立基础族的绘制步骤。
（4）掌握基础底部分布筋的绘制步骤。

5.1 Revit 的基础类型

基础是整个建筑物的最终承重部位。因此，基础的设计属于结构部分，Revit 2020 软件在设计基础时需要在"结构"选项卡下的"基础"面板中选择。该面板中有独立基础、墙基础和板基础三个基础类型，如图 5-1 所示。

图 5-1　"基础"面板

在理论知识学习中，基础的结构类型只有独立基础、条形基础、筏形基础、箱形基础等，而没有墙基础或板基础。在 Revit 2020 软件中，条形基础的结构部分包括承重墙和挡土墙。这两个部分可以用墙基础来绘制。而筏形基础和箱形基础可以用板基础来绘制。需要注意的是，软件中板基础与结构中的楼板是不同的结构类别。

5.1.1　独立基础

独立基础是最常见的基础形式。当建筑物上部结构采用框架结构或单层排架结构承重时，基础通常采用方形或矩形的独立基础，其立面有阶梯形、锥形等，如图 5-2 所示。独立基础分为柱下单独基础和杯形基础。其中，柱下独立基础是最常用、最经济的一种基础形式。而当柱采用预制钢筋混凝土构件时，则基础设计成可以将柱插入并嵌固的杯口形状，故又称为杯形基础。

5.1.2　用墙基础绘制条形基础

条形基础是一种长度至少大于 10 倍宽度的基础形式，按上部结构分为墙下条形基础和柱下条形基础。其特点是布置在一条轴线上且与两条以上轴线相交，有时也和独立基础相连，但截面尺寸与配筋不尽相同。横向配筋为主要受力钢筋，而纵向配筋为次要受力钢筋或分布钢筋，并且主要受力钢筋布置在下层。Revit 2020 软件选取墙基础绘制出条形基础用以支持上部的挡土墙或承重结构墙，如图 5-3 所示。

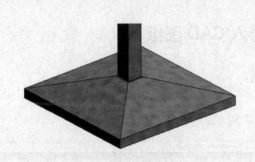

图 5-2　独立基础　　　　　　　　图 5-3　结构墙下的墙基础

由于墙基础需要放置在结构墙（图元）的下部，所以，需要先绘制出上部的墙体，然后再选择墙来放置墙基础，如图 5-4 所示。

5.1.3　用板基础绘制筏板和箱形基础

筏板基础是由底板和梁所形成的整体性基础形式。当建筑物荷载较大，而地基承载力较弱时，常采用筏板基础，因为其整体结构性好，能很好地抵抗地基不均匀沉降，如图 5-5 所示。

箱形基础是由底板、顶板、侧墙及一定数量的内隔墙所形成的封闭箱体式基础形式。它适用于作软弱地基上的面积较小，平面形状简单，荷载较大或上部结构分布不均的高层重型建筑物的基础及对沉降有严格要求的设备基础或特殊构筑物，但混凝土及钢材用量较多，造价也较高。

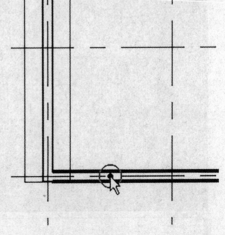

图 5-4　绘制墙基础时须选择上部的墙体

在 Revit 2020 中，无论筏板基础还是箱形基础都可以用"结构"选项卡"基础"面板中的"板"来创建。与"墙"基础不同的是："墙"基础必须先绘制墙，然后再绘制条形基础，而"板"基础则可以直接创建，不需要其他结构图元的支座，如图 5-6 所示。

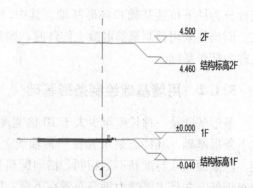

图 5-5　筏板基础　　　　　　　　　　　图 5-6　直接创建的"板"基础

5.2　导入 CAD 图纸

根据书中所附图纸进行独立基础的绘制。

第一步：导入 CAD 图纸

在 CAD 软件中打开基础图纸，如图 5-7 所示。

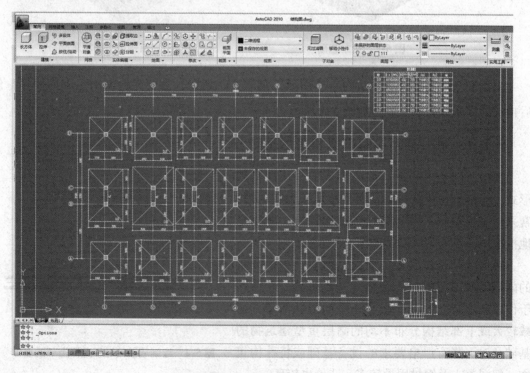

图 5-7　CAD 基础图

在 CAD 软件的命令行输入快捷键 W，系统弹出"写块"对话框将块命名为"基础块"，如图 5-8 所示。

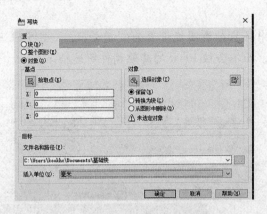

图 5-8　将基础图设置为"基础块"

第二步：返回 Revit 2020，在结构标高 1F 的平面导入写块的 CAD 图纸

单击"插入"选项卡"导入"面板中的"导入 CAD"按钮，如图 5-9 所示。

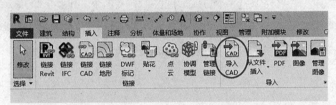

图 5-9　"导入 CAD"按钮

找到保存的位置，导入已经在 CAD 中保存的"基础块"。勾选"仅当前视图"（只能在结构标高 1F 中看到该 CAD 基础图）；"导入单位"选择毫米，如图 5-10 所示。

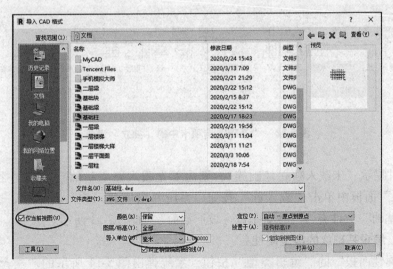

图 5-10　选择"基础块"并设置导入参数

如果导入的图纸没有显示出来，双击鼠标中间的滚轴，就可以在屏幕中显示所有的内容。导入的图纸默认锁定，解锁后移动到对应的轴网位置，将图纸的Ⓐ轴和①轴与绘制的Ⓐ轴和①轴对齐。

小技巧：在控制栏中将基础块图纸设置为"前景"，如图 5-11 所示。该 CAD 基础图将会显示在视图的最上层，而不会被 Revit 的其他构件所遮挡。

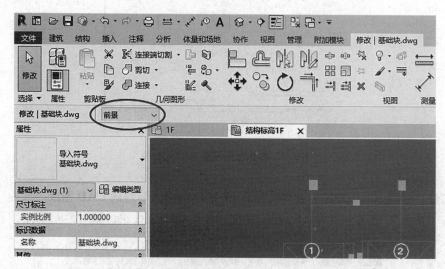

图 5-11 将基础块图纸设置为"前景"

5.3 单柱独立基础的绘制步骤

第一步：单击"基础"面板中的"独立"按钮

在"结构"选项卡"基础"面板中，单击"独立"按钮，如图 5-12 所示。

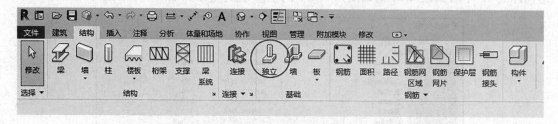

图 5-12 "基础"选项卡中的"独立"工具

如果软件提示"未载入独立基础族"，则需要先载入独立基础族：在"插入"选项卡"从库中载入"面板中单击"载入族"按钮，系统弹出"载入族"对话框，选择"结构"文件夹→"基础"文件夹→"独立基础 – 坡形截面"，如图 5-13 所示。

第二步：编辑基础族的类型属性

单击"属性面板"的"编辑类型"按钮，系统弹出图 5-14 所示的"类型属性"对话框。类型选择为"DJ4"，在类型属性中需要编辑好尺寸标注。单击"预览"按钮，在对话框左侧可以看到该独立基础的三维视图，点击任何一个尺寸标注，三维视图中都会出现用蓝色线标注出该尺寸的具体位置，例如，"h2"表示坡面的垂直高度，"h1"表示独立基础的底板厚度，"d2"和"d1"分别表示基础柱长和宽与基础顶部长和宽之间的距离，"宽度"和"长度"表示基础底的长和宽，"Hc"和"Bc"表示基础顶的长和宽。

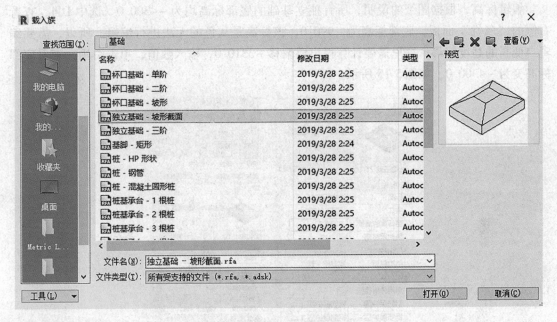

图 5-13　载入独立基础族

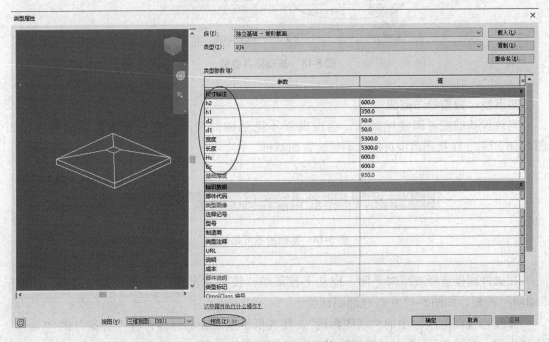

图 5-14　基础族的类型属性面板

第三步：放置独立基础

放置独立基础 DJ4，根据导入的 CAD 图纸确定放置的 DJ4 的位置，单击鼠标左键进行放置。

第四步：设置基础的标高参数

编辑标高，根据图纸的说明，所有独立基础的底部标高均为 -4300.0。选中 DJ4，查看右侧的"属性"面板，底部标高为 -990.0，该标高是灰色的无法进行编辑。所以，需要编辑自变高的高度偏移，这里需要计算得出要偏移 -3310.0，输入数值，单击引用，查看底部标高变为 -4300.0，如图 5 15 所示。

图 5-15　基础标高参数

第五步：调整视图范围

当放置基础或者调整标高后，会出现看不见基础的情况，且右下角会提示警告，如图 5-16 所示。在视图范围可能看不见放置的基础。

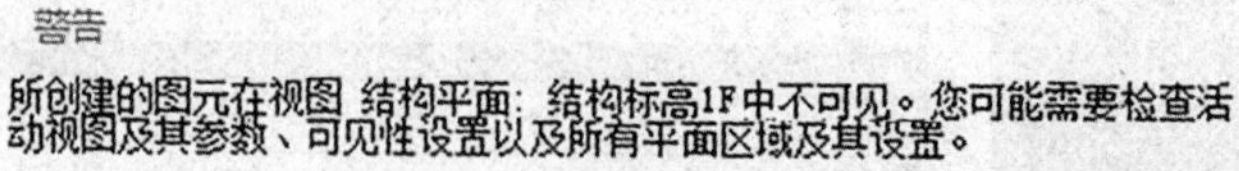

警告

所创建的图元在视图 结构平面：结构标高1F中不可见。您可能需要检查活动视图及其参数、可见性设置以及所有平面区域及其设置。

图 5-16　基础的不可见警告

在属性面板选择成结构平面，拖动下拉菜单，找到"范围"下的"视图范围"，单击"编辑"按钮，如图 5-17 中红色圆圈部位。

修改"视图范围"中的"视图深度"，使其低于基础底部标高，将"标高"的"偏移"值改为" -4300.0"，单击"确定"按钮，就可以看到基础，如图 5-18 所示。

图 5-17　"视图范围"的编辑按钮

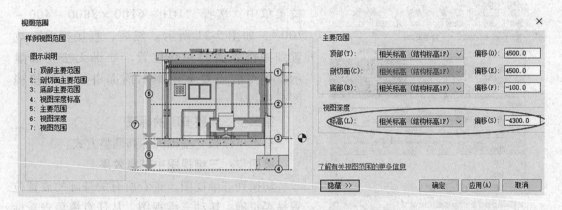

图 5-18　"视图深度"的"偏移"值调整

5.4　双柱独立基础族的绘制步骤

为了便于掌握更多的基础绘制方式，本书将运用族导入方式放置双柱独立基础。有关族的编辑，本书将在后面的内容中讲解

第一步：导入基础族文件

在"插入"选项卡的"从库中载入"面板中单击"载入族"按钮，如图 5-19 所示。找到下载放置基础族的位置，选择全部族文件，单击"打开"按钮，如图 5-20 所示。

图 5-19　"载入族"工具

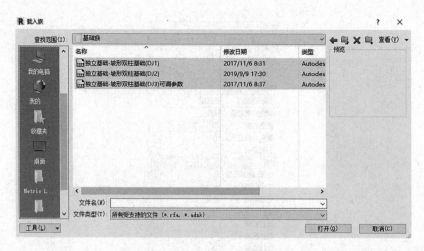

图 5-20　载入族文件

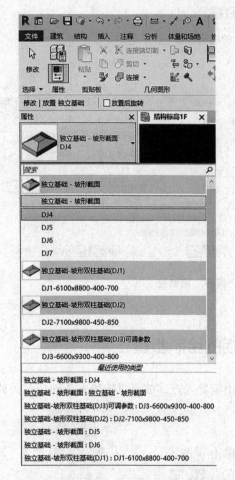

图 5-21　"属性"窗格中选取基础类型

第二步：放置双柱基础族到指定位置

在"结构"选项卡"基础"面板中，单击"独立基础"按钮。在"属性"面板的下拉菜单中，选择"DJ1 – 6100 × 8800 – 400 – 700"，如图 5-21 所示。然后，直接把 DJ1 放置到工作界面的相应位置。如果无法正确显示，则可能需要运用本书前面讲解的调整视图范围操作。

第三步：调整 DJ1 的标高

参考单柱独立基础的标高调整方式。

第四步：三维视图中查看效果

切换到三维视图，查看所有的基础的放置位置是否正确。转动三维视图，从任意视角查看标高是否正确，如图 5-22 所示。

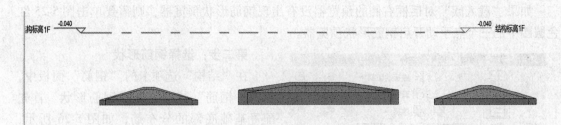

图 5-22　三维视图查看基础标高及位置

5.5　基础底部分布筋的绘制步骤

第一步：载入钢筋族

在 Revit 中，如果是第一次布置钢筋，系统会弹出图 5-23 所示的提示。

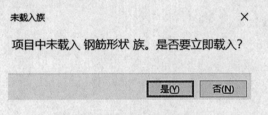

图 5-23　未载入钢筋族的提示

单击"是"按钮，系统弹出"载入族"对话框。在图 5-24 所示的族库中找到"钢筋形状"族，载入所有钢筋的形状。对话框右侧"预览"预览窗口会出现钢筋形状。

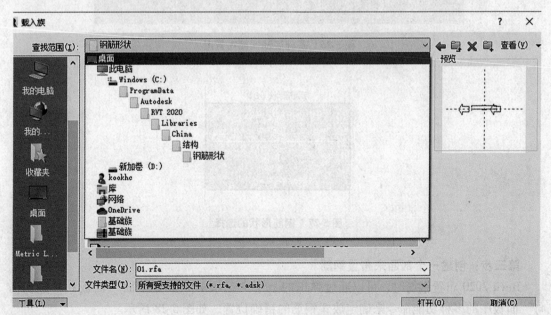

图 5-24　载入所有钢筋的形状族文件

如果"载入族"对话框右侧的预览器没有出现钢筋形状预览器，则需要单击图 5-25 红色圆圈中的三个点手动开启钢筋形状预览器。

第二步：选择钢筋形状

在"结构"选项卡的"钢筋"面板中，单击"钢筋"按钮，选择钢筋形状。首先配置基础底部的分布筋，如图 5-26 所示，As1 和 As2 为底部分布筋，所以选择钢筋形状为 02，如图 5-27 所示。根据图纸选择，选择钢筋类型为 16HRB400。

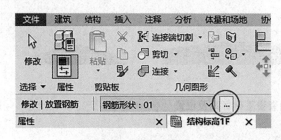

图 5-25　开启钢筋形状预览器的手动模式

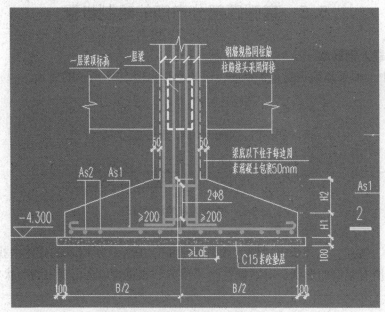

图 5-26　基础底部钢筋布置图

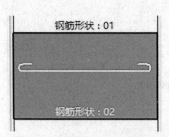

图 5-27　钢筋形状的选择

第三步：创建一个剖面来布置钢筋

Revit 2020 布置钢筋时，可以通过弹出的上下文选项卡"放置平面"面板和"放置方向"面板中的多种功能命令来确定放置钢筋的精确位置，如图 5-28 所示。

图 5-28　放置钢筋的各种选项卡工具

　　然而在平面视图中，总是以从上往下的角度查看和选择构件。因此，在选择"放置平面"中的"近保护层参照"或"远保护层参照"功能命令布置钢筋时，是从上往下指定构件的近保护层和远保护层。在图 5-29 中，如果选择"近保护层参照"命令，则会在四个斜平面上布置钢筋；如果选择"远保护层参照"命令，则会在构件中间层平面上布置钢筋。而无法将钢筋布置到构件的真正底面上。因此，需要利用剖面来布置钢筋。

图 5-29　从上往下指定的保护层参照

　　在"视图"选项卡"创建"面板中，单击"剖面"按钮，绘制一个穿过基础的剖切面。系统会自动生成"剖面 1"，如图 5-30 所示。将鼠标光标移至"剖面 1"，单击鼠标右键在弹出的面板中选择"转到视图"，将视图转绘到该剖面上。

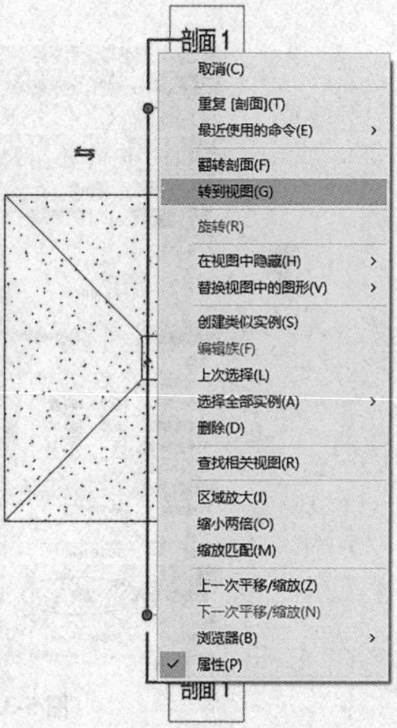

第四步：具体布置钢筋

　　将"剖面 1"作为当前工作平面来具体布置钢筋。在"放置方向"面板中，选择"平行于工作平面"来绘制 AS1。可以看出，保护层由绿色的虚线提示绘制，这里的布局选择为最小净间距 120 mm，鼠标光标放置到相应的位置并单击鼠标左键。然后在"放置方向"面板中，选择"垂直于保护层"来绘制 As2，同样选择最小净间距 120 mm，如图 5-31 所示。

　　小技巧：在楼层平面中，不能选择"当前工作平面"布置钢筋，而应选择在剖面中布置钢筋。

第五步：设置钢筋的视图可见性

　　选择已经绘制的两段钢筋。在"属性"面板中，下拉至"图形"的"视图可见性状态"参数，单击右侧的"编辑"按钮，系统将弹出"钢筋图元视图可见性状态"对话框，如图 5-32。在"视图类型"中，将"三维视图"勾选为"清晰的视图"和"作为实体查看"。

图 5-30　绘制一个穿过基础的剖切面

　　最后切换到三维视图中，即可查看钢筋布置效果，如图 5-33 所示。

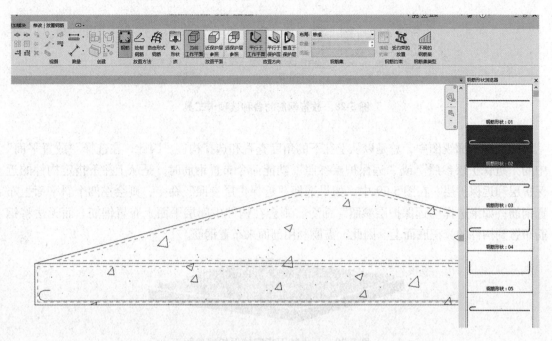

图 5-31　在"剖面 1"上具体布置钢筋

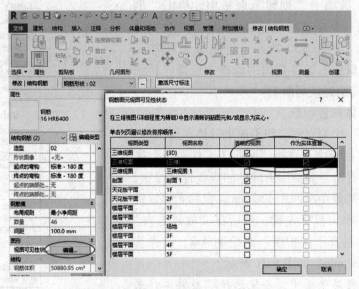

图 5-32　钢筋的"视图可见性状态"设置

图 5-33　独立基础的钢筋布置效果图

课后练习

一、上机实训题

1. 根据图 5-34 所示创建基础实例。

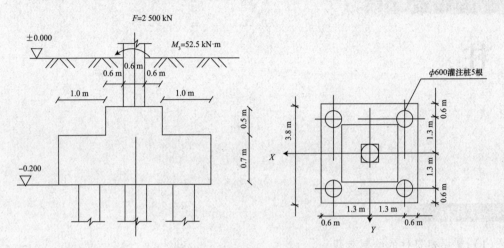

图 5-34 基础的形状及尺寸图

2. 根据图 5-35 所示创建双柱基础,并配置钢筋。

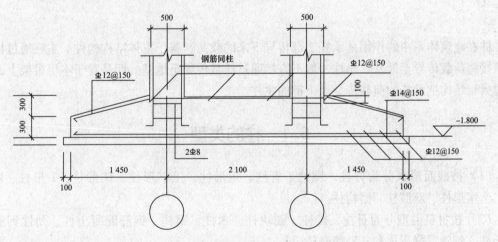

图 5-35 双柱基础的形状及尺寸图

二、思考题

1. Revit 中的基础分类与实际基础分类有何不同?
2. "墙"基础与"板"基础的创建有何不同?
3. 布置钢筋时,"放置平面"与"放置方向"有何区别?如何应用?

三、项目综合题

根据本书提供的项目实例图,完成该项目基础承台的模型绘制。

第6章

柱

★学习目标

（1）掌握建筑柱的绘制步骤。

（2）掌握结构柱的绘制步骤。

（3）掌握结构柱的钢筋配置。

柱在建筑体系中的作用是承托上部传导下来的载荷，属于主体结构构件。主柱通过柱基础直接将荷载传导至地基；小柱一般不直接通过柱基传导至地基，而是置于本层梁架上，再通过梁架结构把承托的荷载传导至下部的主柱。

6.1 柱的类型

（1）按截面形式分为方柱、圆柱、管柱、矩形柱、工字形柱、H形柱、T形柱、L形柱、十字形柱、双肢柱、格构柱。

（2）按材料类型分为石柱、砖柱、砌块柱、木柱、钢柱、钢筋混凝土柱、劲性钢筋混凝土柱、钢管混凝土柱和各种组合柱。

（3）按柱的破坏特征或长细比分为短柱、长柱及中长柱。短柱在轴心荷载作用下的破坏是材料强度破坏；长柱在同样荷载作用下的破坏是屈曲，丧失稳定。

（4）按结构形式可分为等截面柱、阶形柱两类。

1）等截面柱：柱子从上至下的形状和截面尺寸完全一致，构造简单。

2）阶形柱：柱子的截面尺寸不一致，柱子下部尺寸大于上部尺寸，从上至下呈阶梯性变大，有单阶和多阶之分，构造较复杂。

（5）在 Revit 软件中，按照受力类别的不同，将柱分为建筑柱和结构柱两类。本章将详细讲解这两类柱的建模步骤和方法。

（6）在 Revit 软件中，按照放置方式的不同，将柱分为垂直柱和倾斜柱两类。

6.2　建筑柱的绘制步骤

建筑柱在建筑体系中主要起装饰作用。建筑柱的种类繁多，其类型除常见的矩形柱外，还有圆柱、倒角柱、壁柱、欧式柱、中式柱、现代柱等。当然，也可以通过族模型来创建其他符合设计要求的建筑柱类型。

第一步：从族库中载入建筑柱

图 6-1　载入柱族的工具

在"插入"选项卡的"库中载入"面板中单击"载入族"按钮，载入需要的柱族，如图 6-1 所示。

小技巧： 创建有形状造型要求的结构柱，可以在结构柱外围再创建一层建筑柱，建筑柱直径大于结构柱直径。内部结构柱用于配置钢筋，而外层的建筑柱可以设置成其他材质和各种形状造型。

在弹出的"载入族"对话框中选择相关的建筑柱族文件，本书所用例图选用"矩形柱"，单击"打开"按钮，将"矩形柱"载入项目中，如图 6-2 所示。

第二步：设置建筑柱属性

将"矩形柱"载入项目后，需要对柱的属性进行相关调整，以满足设计要求。柱的属性包括类型属性设置和实例属性设置两种设置。通常先设置类型属性，再设置实例属性，如图 6-3 所示为矩形柱的类型属性。

图 6-2　柱族文件的载入界面

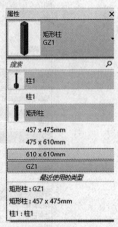

图 6-3　矩形柱的类型属性

以创建"GZ1"为例子，查看图纸，GZ1 的尺寸为 200×200mm。选择矩形柱 610×610 mm，单击"属性"面板中的"编辑类型"按钮，在系统弹出的"类型属性"对话框中（图 6-4），单击"复制"按钮，在弹出的"名称"对话框中将"名称"改为"GZ1"。

修改柱的尺寸为深度 200，宽度 200，如图 6-5 所示，其他实例参数如下：

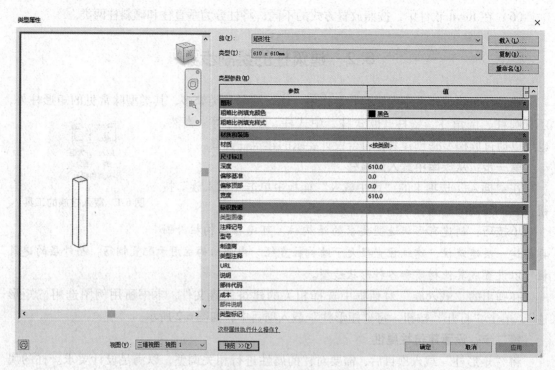

图 6-4　矩形柱的实例属性

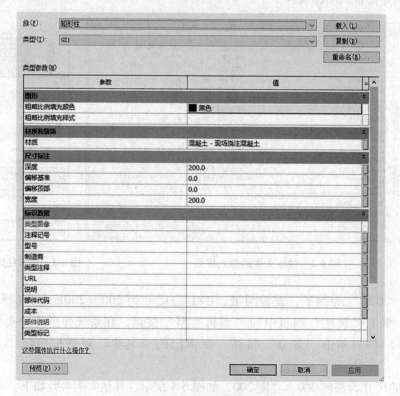

图 6-5　矩形柱的属性参数

（1）"粗略比例填充颜色"：在任一粗略平面视图中，粗略比例填充样式的颜色，单击可选择其他颜色，默认为黑色。

（2）"粗略比例填充样式"：在任一粗略平面视图中，柱内显示的截面填充图案样式。单击该行后面的按钮添加。

（3）"材质"：给柱赋予某种材质，单击该行后面的按钮添加，与之前给墙体赋予材质的方法相同。

（4）偏移基准和顶部：设置柱基准或顶部的偏移量，默认为0.0。

第三步：布置建筑柱

完成柱的类型属性和实例属性设置后，就可以把柱布置到图中所在位置。在"建筑"选项卡中"构建"面板的"柱"下拉单中选择"柱：建筑"，如图6-6所示。此处需要注意的是，在"结构"选项卡"结构"面板中的"柱"没有下拉菜单。

在布置柱之前，需要在"属性"面板中对构件的放置参数进行设定，如图6-7所示。面板中的"随轴网移动"指柱在放置时是否随着网格线移动。"房间边界"指放置的柱是否为房间的边界。

图6-6　布置建筑柱的命令工具　　　图6-7　建筑柱放置的参数设置（1）

然后在"状态栏"中对放置参数进行设置，如图6-8所示。其中，选项"放置后旋转"指放置柱后可继续进行旋转操作；"高度/深度"指设置柱的布置方式，并设置深度或高度值；"房间边界"指放置的柱是否为房间边界。

| 修改 | 放置 柱 | □ 放置后旋转 | 高度: ∨ | 结构标 ∨ | 4000.0 | ☑ 房间边界 |

图6-8　建筑柱放置的参数设置（2）

设置好柱的放置参数后，就可以在绘制区中布置柱了。首先将鼠标光标移至绘图区域，柱的平面视图形状会随着鼠标光标的移动而移动。同时，鼠标光标移动到轴线横纵交汇处时，相应的轴网将会高亮显示。在确定的位置单击鼠标左键，将柱放置在轴线交汇处，然后按两次 Esc 键退出当前状态。如果是偏心柱，则需要单击选择放置的柱，通过临时的尺寸标注将柱调整到合适的位置。布置好的偏心柱如图 6-9 所示。

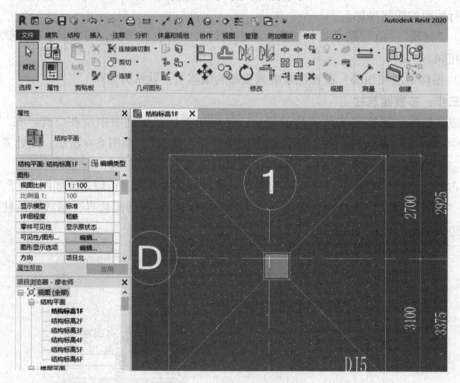

图 6-9　偏心柱的布置效果

小技巧：可以使用建筑柱围绕结构柱创建柱框外围模型，并将其用于装饰应用。建筑柱将继承连接到的其他图元的材质。墙的复合层可以包络建筑柱，但不适用于结构柱。

6.3　结构柱的绘制步骤

结构柱是承载梁和板等构件的承重构件。尽管结构柱与建筑柱共享许多属性，但是结构柱还具有许多专属于它的配置和行业标准定义的其他属性。在 Revit 软件中，结构柱拥有一个可用于数据交换的分析模型。同时，其他结构图元（如梁、支撑和独立基础）只与结构柱连接；不与建筑柱连接。因此，结构柱和建筑柱在软件中是分开建模的。结构柱是在"结构"选项卡下建模，而建筑柱是在"建筑"选项卡下建模。

第一步：从族库中载入结构柱

同建筑柱的载入一样，在"插入"选项卡下的"从库中载入"面板中单击"载入族"按钮。然后在弹出的"载入族"对话框中选择相应的柱族文件，单击"打开"按钮载入柱，如图 6-10 所示。

在"载入族"对话框中可以看到软件自带的结构柱分为钢柱、混凝土柱、木质柱、轻型钢柱和预制混凝土柱五种类别，双击进入需要的柱类型文件夹，就可以找到需要的

".rfa"族文件,单击"确定"按钮完成载入。在"属性"面板的实例类型下拉菜单中找到刚加入的结构柱,单击"编辑类型"按钮,系统弹出"类型属性"对话框。

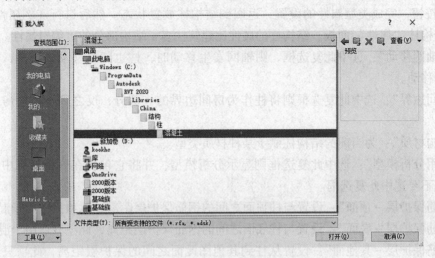

图6-10 结构柱族文件的载入界面

第二步:设置结构柱

在"类型属性"对话框中将"族"选择为"混凝土-矩形-柱",单击"载入"按钮,载入矩形的结构柱族。单击"类型"后的"复制"按钮,在弹出的"名称"对话框的"名称"文本框中输入新建的柱名称,这里根据图纸的要求命名为KZ1。结构柱的参数编辑与建筑柱一致,如图6-11所示。

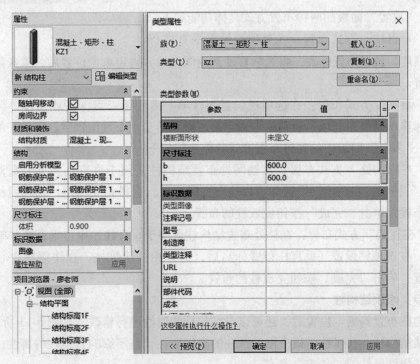

图6-11 结构柱的"属性"窗格和类型属性

修改"尺寸标注"下"b"和"h"后面的值，将原有的数值修改为新的尺寸值，根据图纸调整为 600×600。在平面或截面视图下，b 值代表柱的长度，h 代表柱的宽度。单击"确定"按钮，完成类型属性的设置，返回到结构柱放置状态。然后进行实例属性的设置，返回到结构柱"属性"面板。结构柱的属性比建筑柱多了结构部分的可编辑属性。

"随轴网移动"：选中此复选框，则轴网发生移动时，柱也随之移动；反之，柱不随轴网移动而移动。

"房间边界"：选中此复选框则将柱作为房间边界的一部分，反之则不作为房间边界的一部分。

"结构材质"：为当前的结构柱赋予某种材质类型。

"启用分析模型"：选中此复选框则显示分析模型，并将它包含在分析计算中。建模过程中建议不要选中此复选框。

"钢筋保护层 – 顶面"：设置与柱顶面之间的钢筋保护层距离，此项只适用于混凝土柱。

"钢筋保护层 – 底面"：设置与柱底面之间的钢筋保护层距离，此项只适用于混凝土柱。

"钢筋保护层 – 其他面"：设置从柱到其他图元面之间的保护层距离，此项只适用于混凝土柱。

第三步：布置结构柱

在完成属性参数的创建和设置后，下一步即可在轴网中布置结构柱。当然，在布置时还需选择相应的布置方式。如图 6-12 所示，在弹出的上下文选择卡中选择需要布置的结构柱类型，面板中有"放置""多个""标记"等面板。

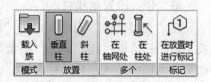

图 6-12   结构柱的布置方式

其中，"放置"面板的两种布置方式具体功能如下：

（1）"垂直柱"方式布置：在选项栏设置垂直柱布置深度或高度，设置布置标高，将光标移动到绘图区域，确定布置位置后，单击鼠标左键完成柱的布置。

（2）"斜柱"方式布置：在选项栏设置斜柱第一点和第二点深度或高度，设置布置标高，将光标移动到绘图区域，分别单击确定第一点和第二点布置位置后，完成柱的布置。

其中，"多个"面板中的两种布置方式具体功能如下：

（1）"在轴网处"方式布置：在轴网处布置结构柱适用于垂直柱，单击垂直柱并单击"在轴网处"按钮，在选项栏设置好垂直柱布置标高后，选择相关轴网，在轴网相交处会出现结构柱布置，单击"完成"按钮完成柱的布置。

（2）"在柱处"方式布置：在柱处布置结构柱适用于垂直柱，单击垂直柱并单击"在柱处"按钮，在选项栏设置好垂直柱布置标高后，选择相关建筑柱，在建筑柱中心处会出现结构柱布置，单击"完成"按钮完成柱的布置。

第四步：修改结构柱

将结构柱布置到确定位置后，还可以对结构柱的属性进行修改，如图 6-13 所示。

选择某结构柱，在属性面板中修改该柱的实例属性，且不影响其他柱的属性，主要修改内容就是结构柱属性的"约束"条件。

"柱定位标记":指示项目轴网上垂直柱的坐标位置,如 F – 2 表示 F 轴与 2 轴的交点。

"底部标高":指示柱底部的限制标高。

"底部偏移":指示柱底部到底部标高的偏移值,正值表示标高以上,负值表示标高以下。

"顶部标高":指示柱顶部的限制标高。

"顶部偏移":指示柱顶部到顶部标高的偏移值,正值表示标高以上,负值表示标高以下。

"柱样式":指定修改柱的样式形式,包括"垂直""倾斜 – 端点控制"和"倾斜 – 角度控制"。

选择柱结构,在弹出的"修改 | 结构柱"上下文选项卡中,如图 6-14 中所示的几个面板工具,均可用来修改柱。

"编辑族":表示可以通过族编辑器来修改当前的柱族,然后将其载入项目中来。

"高亮显示分析":指示在当前视图中,高亮显示与选定的物理模型相关联的分析模型。

图 6-13　结构柱的属性参数

"附着顶部/底部":指示将柱附着到屋顶和楼板等模型图元上。

"分离顶部/底部":指示将柱从屋顶和楼板等模型图元上分离。

"钢筋":指示放置平面或多平面钢筋。

书中的 KZ1 是布置在基础上的,所以可以用"附着顶部/底部"方式布置。单击所绘制的基础,然后直接把结构柱附着到基础底部,如图 6-15 所示。

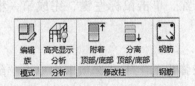

图 6-14　修改结构柱的命令工具

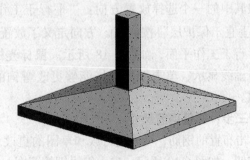

图 6-15　结构柱布置到基础上的效果

6.4　结构柱的钢筋配置

第一步:选择钢筋的形状和类型

根据本书实例图,柱 KZ1 的钢筋如图 6-16 所示。通长筋为 18HRB400,箍筋的选择为 8HRB400。

箍筋的钢筋形状选择 33,如图 6-17 所示。

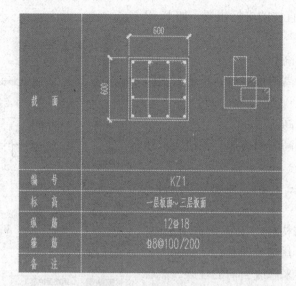

图 6-16　柱 KZ1 的钢筋图

图 6-17　编号 33 的箍筋形状

第二步：布置钢筋

选择放置平面。在"修改｜放置 钢筋"上下文选项卡的"放置平面"面板中，单击以下按钮其中的一个选择放置平面："当前工作平面"按钮；"近保护层参照"按钮；"远保护层参照"按钮。由于选择的是结构平面是 1F，所以，选择近保护层或者远保护层。选择近保护层是从上部的钢筋开始绘制，选择远保护层是从下部钢筋开始绘制。

选择放置方向。在"修改｜放置 钢筋"上下文选项卡"放置方向"面板中，单击以下按钮其中的一个选择放置方向："平行于工作平面"按钮；"平行于保护层"按钮；"垂直于保护层"按钮。方向定义了放置到主体中时的钢筋的对齐方向。绘制箍筋选择平行于工作平面，如图 6-18 所示。鼠标光标移动到所需要放置钢筋的柱的时候会有绿色的虚线显示，单击键盘空格能够更改弯钩的位置。单击鼠标左键，完成第一根箍筋的绘制。

第三步：调整钢筋尺寸

单击布置的钢筋，可以进行族和草图的更改。在弹出的上下文选项卡中单击"编辑草图"按钮，如图 6-19 所示。进入编辑钢筋草图。

通过"移动""复制""修剪"等命令对钢筋进行编辑，或在图中直接对钢筋的参数进行编辑来完成对钢筋草图的修改，如图 6-20 所示。

根据图纸所示的样式，完成第一根箍筋的修改：首先，单击"模式"中的绿色"√"，如图 6-21 所示。然后，选择"旋转"和"复制"命令，如图 6-22 所示，完成第二根箍筋。同时，可以通过单击键盘空格键来调整箍筋的弯钩位置。直至绘制最后一根箍筋。

第四步：设置加密区和非加密区

首先利用"剖面"　剖切柱子，然后将视图转到剖面。框选已经绘制好的钢筋，单击"过滤器"，确认是否选择到了已经绘制好的 3 根钢筋。利用布局中的间距与数量进行根数的调整，16G101 图集中关于框架柱箍筋的加密区的规定如下：

（1）首层框架柱箍筋的加密区有三个，分别为：下部的箍筋加密区长度取 $H/3$，上部取 max（500，柱长边尺寸，$H/6$）；梁节点范围内加密；如果该柱采用绑扎搭接，那么搭接范围内也需要加密。

（2）首层以上框架柱箍筋加密区分别为：上、下部的箍筋加密区长度均取 max（500，柱长边尺寸，$H/6$）；梁节点范围内加密；绑扎搭接范围内加密。

将所要的加密区长度相加就是加密区长度，非加密区 = 全长 – 加密区长度。

这里用 $H/3$ 来示意，绘制间距 100 的箍筋 12 根。

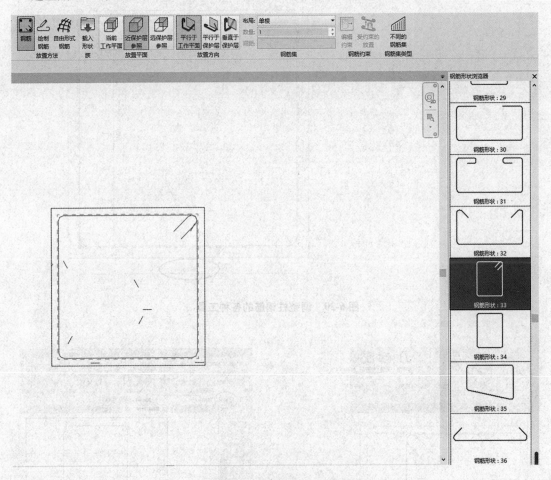

图 6-18　布置结构柱的钢筋

图 6-19　"编辑草图"命令

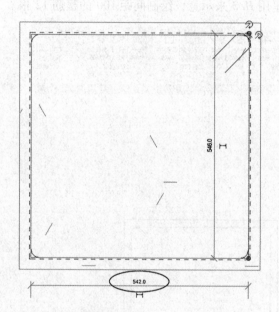

图 6-20　调整柱钢筋的各种工具

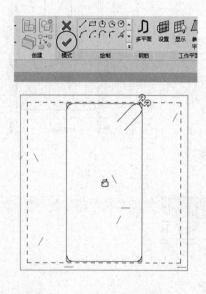

图 6-21　"模式"中的绿色"√"

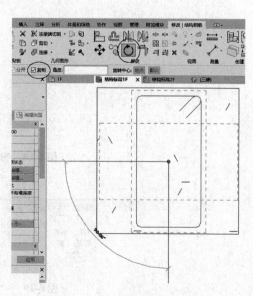

图 6-22　"旋转复制"命令

同理，利用"复制"命令，绘制间距200的箍筋6根，最后在底部绘制间距100的箍筋12根，完成柱子的加密与非加密区箍筋，如图6-23所示。

第五步：绘制柱的通长筋

根据例图，选择通长筋为18HRB400，钢筋形状为1。在结构平面1F中进行绘制："布置平面"选择"近保护层参照"，"布置方向"选择"垂直于保护层"，直接按图纸位置进行布置。布置完成后按2次"Esc"键退出钢筋绘制模式，如图6-24所示。

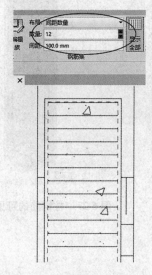

图6-23　柱箍筋的加密区设置

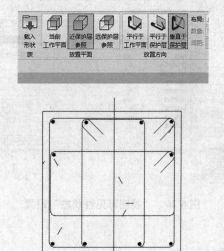

图6-24　绘制柱的通长钢筋

第六步：三维查看钢筋

框选已经绘制完成的钢筋，然后利用"过滤器"工具查看隐藏在水泥中的柱钢筋，如图6-25所示。

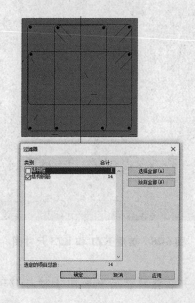

图6-25　利用"过滤器"工具查看柱钢筋

在"属性"面板中找到"视图可见性状态",单击后面的"编辑"按钮,如图 6-26 所示。在"三维"中作为实体查看勾选上。然后切换到三维视图查看柱的钢筋,如图 6-27 所示。(需要注意的是,这里的详细程度要选择为"精细",视觉样式选择为"真实")。

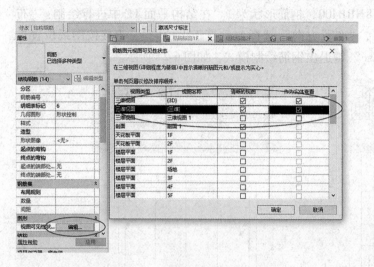
图 6-26 "视图可见性状态"设置

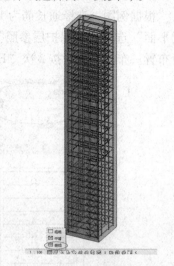
图 6-27 柱钢筋的可见状态效果

课后练习 ///

一、上机实训题

1. 完成实例图首层 KZ1 和 KZ3,的柱建模,尺寸如图 6-28 所示。

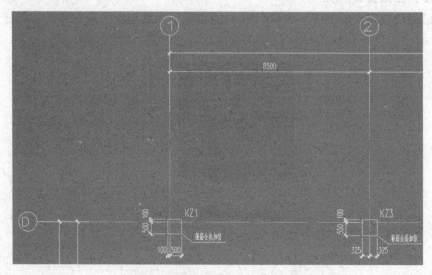
图 6-28 首层 KZ1 和 KZ3 尺寸图

2. 完成陶立克柱的载入,并放置到首层平面图④轴与①轴的交汇处,并设置其尺寸标准为直径 500,如图 6-29 所示。

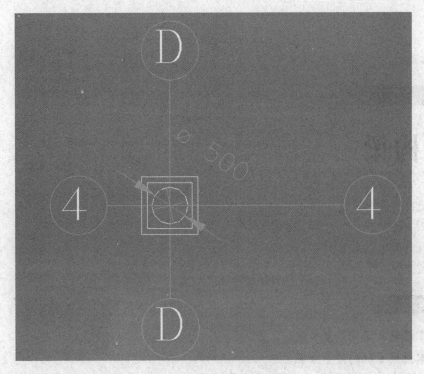

图 6-29　陶立克柱的尺寸图

二、思考题

1. 在设置结构柱时，"房间边界"该如何选取？

2. 在布置钢筋时，放置平面的近保护层参照和远保护层参照有何不同？它们的适用条件各是什么？

三、项目综合题

根据本书提供的项目实例图，完成该项目所有柱的模型绘制。

第 7 章

结构梁

（1）掌握结构梁的绘制步骤。

（2）掌握梁系统的绘制步骤。

梁在建筑体系中是主要的结构构件。梁的作用是承托本层荷载，受力由支座支承，承受外力以横向力和剪力为主，弯曲是其主要变形。大多数梁的方向与建筑物的横断面方向一致。

7.1 梁的分类

钢筋混凝土梁包括框架梁、过梁、墙梁、挑梁和圈梁。为了保证建筑拥有更好的稳定性，不同类型、不同作用、不同尺寸的建筑应采用相应的梁构件。

（1）框架梁：承接本层板所传导来的荷载，并将本层荷载传导给下部的主柱。

（2）过梁：当墙体上开设门窗洞口且墙体洞口大于 300 mm 时，为了支撑洞口上部所传来的各种荷载，将这些荷载传给洞口两边的墙，常在门窗洞口上设置承重的横梁，称为过梁。过梁多用于跨度不大的门、窗等洞口处。

（3）墙梁：墙梁包括简支墙梁、连续墙梁和框支墙梁，可划分为承重墙梁和自承重墙梁。墙梁是托梁与其上部计算范围内的墙体的组成体。在计算中，墙梁要考虑到托梁以上墙体对结构的影响，要计算墙体对托梁刚度的有利影响。所以，在实际工程中，按墙梁计算的托梁配筋比没有考虑墙梁作用的托梁配筋要少。对多层房屋的墙梁，各层洞口应设置在相同位置，并上下对齐。

（4）挑梁：为了支承挑廊、阳台、雨棚等伸出建筑轮廓外的荷载，常设有与主体结构相连接的钢筋混凝土悬臂构件。这些从主体结构延伸出来，一端没有支撑的竖向受力构件称为挑梁。从主体结构的连续梁端支座延伸出一定悬空长度的梁段称为外伸梁；从柱子直接连接延伸出一定悬空长度的梁段称为悬臂梁。

（5）圈梁：在砌体结构房屋中，在砌体内沿水平方向设置封闭的钢筋混凝土梁以提高房屋空间刚度、增加建筑物的整体性，提高砖石砌体的抗剪、抗拉强度，防止地基不均匀沉降、地震或其他较大振动荷载对房屋的破坏。在房屋基础上部的连续的钢筋混凝土梁称为基础圈梁；而在墙体上部，紧挨楼板的钢筋混凝土梁称为上圈梁。因为圈梁是连续围合的梁，所以称为圈梁。

7.2　Revit 中梁的种类

在 Revit 2020 软件中，梁的类别按照材料可以划分为混凝土梁、木梁和钢梁三类。其中，混凝土梁有普通混凝土梁和预制混凝土梁；钢梁有普通钢梁和轻钢梁，如图 7-1 所示。在 Revit 2020 中，梁都是结构构件。所以，梁只有结构梁，而没有建筑梁。在这点上与既有建筑柱又有结构柱的柱不相同。

按照结构用途可以划分为大梁、水平支撑、托梁、檩条或其他。结构梁可以修改参数，将用途参数包括在结构框架明细表中，便可计算大梁、托梁、檩条和水平支撑的数量。结构用途参数值可确定粗略比例视图中梁的线样式。可使用"对象样式"对话框修改结构用途的默认样式。

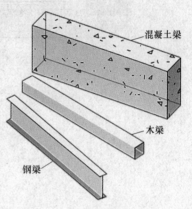

图7-1　各种类型的梁

7.3　梁的绘制步骤

第一步：在项目中载入梁族

在 Revit 2020 软件中，"结构"选项卡中默认绘制的是钢梁。如果绘制其他类型的梁，就需要先载入相关的梁族。在"插入"选项卡"从库中载入"面板中，单击"载入族"按钮，系统弹出"载入族"对话框，如图 7-2 所示。需要注意的是，Revit 2020 软件的梁族在"结构"文件目录下并不是"梁"，而是"框架"。选择所需要的梁族的类别，例图为"混凝土"。单击"确定"按钮完成载入，载入常用的混凝土矩形梁。这时在"属性"面板实例类型下拉列表中将出现载入的梁样式。

第二步：设置梁的相关属性

将梁族文件载入项目以后，需要对梁的类型属性及实例属性进行设置后，才能在视图中布置梁。单击"属性"面板中的"编辑类型"，系统弹出"类型属性"对话框。在对话框中"复制"按钮，在弹出的"名称"对话框中的"名称（N）"文本框内输入新建的梁名称，实例图为"KL1"，如图 7-3 所示。完成后单击"确定"按钮。

返回到"属性"面板，如图 7-4 所示。修改梁的相关参数，单击"确定"按钮，完成类型属性的设置，然后返回到视图中完成梁的布置。

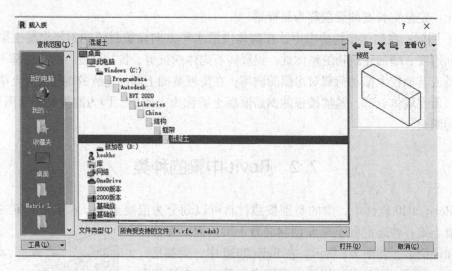

图 7-2　"载入族"对话框

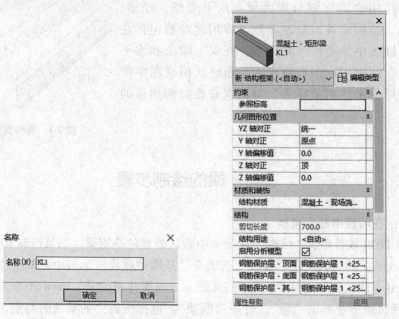

图 7-3　定义梁的名称　　　　图 7-4　矩形梁的"属性"面板

"属性"面板中相关的实例属性参数具体含义见表 7-1。

表 7-1　梁"属性"面板中的参数内容

参照标高	设置梁的放置位置标高，一般取决于放置梁时的工作平面
YZ 轴对正	只适用于钢梁。"统一"或"独立"。使用"统一"可为梁的起点和终点设置相同的参数。使用"独立"可为梁的起点和终点设置不同的参数
Y 轴对正	只适用于"统一"对齐钢梁。指定物理几何图形相对于 Y 方向上定位线的位置："原点""左侧""中心"或"右侧"

续表

参照标高	设置梁的放置位置标高，一般取决于放置梁时的工作平面
Y 轴偏移值	只适用于"统一"对齐钢梁。几何图形在 Y 方向上偏移的数值。在"Y 轴对正"参数中设置的定位线与特性点之间的距离
Z 轴对正	只适用于"统一"对齐钢梁。指定物理几何图形相对于 Z 方向上定位线的位置："原点""顶部""中心"或"底部"
Z 轴偏移值	只适用于"统一"对齐钢梁。几何图形在 Z 方向上偏移的数值。在"Y 轴对正"参数中设置的定位线与特性点之间的距离
结构材质	控制结构图元的隐藏视图显示。"混凝土"或"预制"将显示为隐藏。"钢"或"木材"在前面有另一个图元时会显示。如果被其他图元隐藏，将不会显示未指定的内容
剪切长度	只读值，指结构梁的物理长度
结构用途	指定用途："大梁""水平支撑""托梁""其他""檩条"或"弦"
钢筋保护层 – 顶面	只适用于混凝土梁。与梁顶面之间的钢筋保护层距离
钢筋保护层 – 底面	只适用于混凝土梁。与梁底面之间的钢筋保护层距离
钢筋保护层 – 其他面	只适用于混凝土梁。从梁到邻近图元面之间的钢筋保护层距离

单击图 7-4 中的"编辑类型"后，系统弹出"类型属性"对话框，如图 7-5 所示。在"尺寸标注"中修改梁的宽度（b）和高度（h）。

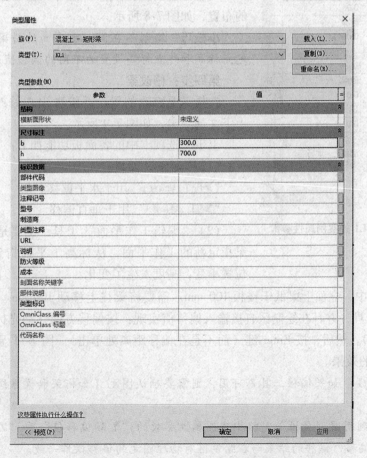

图 7-5　矩形梁的"类型属性"对话框

第三步：绘制梁

设置完成实例属性参数后，还需在选项栏进行相关设置。首先将视图切换到需要布置梁的标高结构平面，在选项栏可以确定梁的"放置平面"为结构标高；选择梁的"结构用途"为自动（与"属性"面板中的信息相同）；以及确定是否通过"三维捕捉"和"链"方式来进行绘制，如图 7-6 所示。

| 修改 \| 放置 梁 | 放置平面: 标高:结构标高1 ∨ | 结构用途: <自动> ∨ | □三维捕捉 □链 |

图 7-6　梁的选项栏

图 7-7　梁 KL1 的实例属性参数

选择已创建的结构框架梁，在"属性"面板中修改梁 KL1 的实例属性参数，如图 7-7 所示。其中，默认梁的顶部标高与选择绘图的平面是一致的（参考标高和工作平面就是绘制梁的平面，并且为只读）。"起点标高偏移"和"终点标高偏移"用于设置梁的起点、终点标高，相对绘制平面标高的偏移值，从而将梁放置到偏离绘制平面上部或下部的某个高度位置上。

所有标高设置完成后，就可以在工作平面上完成梁的布置，如图 7-8 所示。

小技巧：绘制不在同一水平面的斜梁，可以通过将起点标高和终点标高设置为不同的偏移值来实现。

第四步：修改梁

选择需要修改的梁，系统弹出"修改 \| 结构框架"上下文选项卡，如图 7-9 所示。

上下文选项卡中的各面板功能如下：

（1）"对正"面板：

"➤ 隹（Y轴偏移）"用于水平偏移。

"➤ 隹（Z轴偏移）"用于垂直偏移。

（2）"编辑工作平面"工具：主要是指给当前结构梁指定新的工作平面，从标高 1 平面指到标高 2 平面，位置不变，高度发生了变化。

在图 7-10 中，立面上梁低于楼板 100 mm。需要将梁往上移动 100 mm。可以通过使用"Z 轴偏移"工具，并且在绘制区直接输入偏移值实现：按偏移方向移动光标，输入需要偏移的距离值 100。然后，按 Enter 键（而不是在偏移距离处单击）。图 7-11 显示了在立面视图中完成移动的效果。

小技巧：（1）如果偏移工具不可用，则需要确认图元（如桁架和梁系统的构件）是否已经被锁定。

（2）可以利用梁"属性"窗格中实例属性参数的"Y 轴偏移值"和"Z 轴偏移值"调整来实现梁的偏移，偏移的结果与在绘制区对物理图元的偏移操作一致。

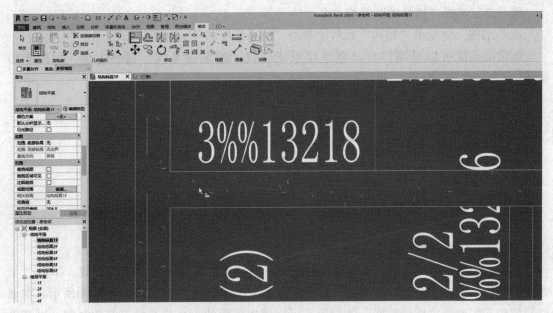

图 7-8　在工作平面上布置梁

图 7-9　"修改 | 结构框架"上下文选项卡

图 7-10　低于楼板的梁　　　　　图 7-11　"Z 轴偏移"对齐楼板后的梁

7.4　梁系统的绘制步骤

除单根布置梁外，可以利用 Revit 软件提供的"梁系统"快速创建多根平行放置的梁。在应用"梁系统"功能时，必须满足下列条件。

（1）只能在含有水平草图平面的平面视图或天花板视图中，才能添加通过一次性单击创建梁系统。如果视图或默认的草图平面不是标高，并且单击了"梁系统"，系统将会重定向到"修改 | 创建梁系统边界"上下文选项卡。

（2）必须已经绘制了支撑图元（墙或梁）的闭合环，否则系统将自动跳转到"修改 | 创建梁系统边界"上下文选项卡。

第一步：选择"梁系统"功能命令

在"结构"选项卡"结构"面板中单击"梁系统"按钮，如图 7-12 所示。

创建梁系统可以采用"自动创建梁系统"或"绘制梁系统"两种方法，如图 7-13 所示。

图 7-12 "梁系统"功能命令

图 7-13 创建梁系统的两种方法

第二步：设置梁系统属性

在正式绘制梁系统之前，需要对梁系统进行类型属性设置和实例属性设置。单击"梁系统"按钮后，在梁系统的"属性"面板中设置各项实例属性参数，如图 7-14 所示。在属性设置中，主要是"标识数据"的设置，可以使用等距的梁系统来填充结构开间，以帮助支撑结构模型中的楼板或天花板。梁系统对布置木质屋顶的椽也非常有用。同时，对于需要额外支座的结构，梁系统提供了一种对该结构的面积进行框架的便捷方法。

梁系统"属性"面板的各实例属性参数具体含义如下：

（1）"3D"：指示在梁绘制线定义梁立面的地方，创建非平面梁系统。

（2）"标高中的高程"：指示梁距离梁系统工作平面的垂直偏移。

（3）"工作平面"：指示梁系统图元的放置平面，为只读的值。

（4）"布局规则"：布局规则的选定是设置的重中之重，选择不同的规划，对应就有不同的设定限制。布局规则有四个参数需要设置，如图 7-15 所示，具体内容如下：

1）固定距离：指定梁系统中各条梁中心线之间的相对距离。梁的数量则可以根据距离进行计算。

2）固定数量：指定梁系统内梁的数量，且各个梁在梁系统内的间距相等并居中。

3）最大间距：指定梁中心线之间的最大距离，系统自动计算数量，且在梁系统中居中。

4）净间距：类似于"固定距离"值，但测量的是梁外部之间的间距，而非中心线之间的间距。当调整梁系统中具有净间距布局规则值的单个梁的尺寸时，邻近的梁将相应移动以保持它们之间的距离。

（5）"中心线间距"：指示梁中心线之间的距离，此值为只读数据。

（6）"对正"：指定梁系统相对于所选边界的起始位置，起点、终点、中心或"方向线"。

（7）"梁类型"：指定在梁系统中创建梁的结构框架类型，后期可以修改每条梁的类型。

（8）"在视图中标记新构件"：指定要在其中显示添加到梁系统中的新梁图元的视图。

第三步：绘制梁系统

设置完梁系统的实例属性参数后，即可在绘图区域创建梁系统，主要包括绘制边界线和确定梁方向两部分工作，如图 7-16 所示。

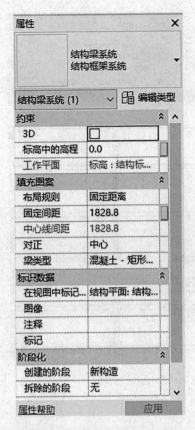

图 7-14　梁系统的"属性"面板

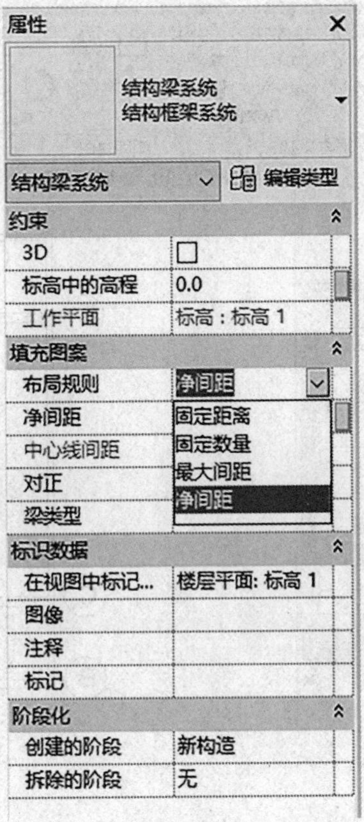

图 7-15　"布局规则"的四个参数

梁系统的边界线绘制可以随设计的改变而调整。可以使用限制条件和"拾取支座"工具来定义梁系统边界，也可以通过绘制面板中的工具来绘制梁系统的边界线。

在绘制面板中选择"梁方向"绘制工具（包括绘制线、拾取线、拾取支座三种方式）。将光标移动到绘图区域中边界线的位置，在闭合的边界线中绘制一条确定方向的线条，完成后单击"模式"面板中的"完成编辑模式"按钮✔，完成梁系统的绘制。

图 7-16　绘制面板

绘制完成的梁系统如图 7-17 所示。

小技巧：梁系统的"梁方向"功能主要用以确定纵梁和横梁的方向，而不是区分主梁和次梁；纵梁和横梁都有可能是主梁或次梁。

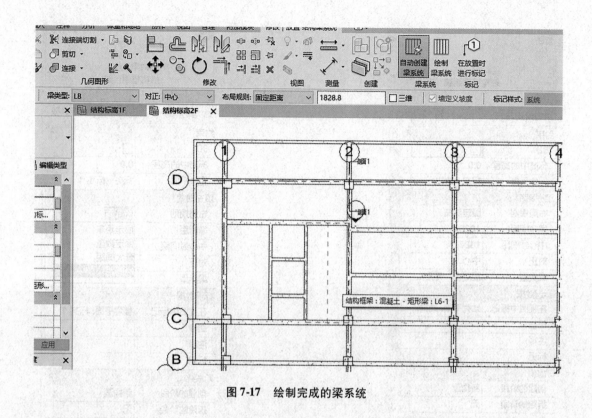

图 7-17 绘制完成的梁系统

课后练习

一、上机实训题

1. 根据图 7-18 绘制实例梁，并配筋（注意括号内为标高）。

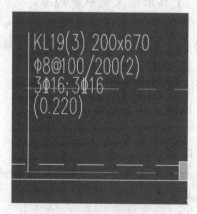

图 7-18 平法表示的梁钢筋

2. 根据图 7-19 绘制梁系统，不需要进行配筋。

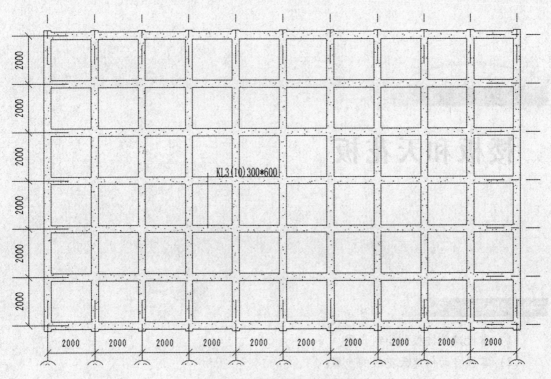

KL3(10)300*600

图7-19　梁系统平面布置图

二、思考题

1. 如何实现斜梁的绘制?
2. 什么时候使用"梁系统"功能最能发挥其作用?

三、项目综合题

根据本书提供的项目实例图,完成该项目所有梁的模型绘制。

第 8 章

楼板和天花板

★学习目标

（1）掌握建筑楼板的绘制步骤。

（2）掌握自动创建天花板的步骤。

（3）掌握人工绘制天花板的步骤。

8.1 楼板类别及结构

8.1.1 一般分类

根据使用材料的不同，楼板可以分为木楼板、钢筋混凝土楼板、压型钢板组合楼板等。

（1）木楼板。木楼板在由墙或梁支撑的木搁栅间，是由设置增强稳定性的剪刀撑构成的。木楼板自重轻，保温性能好，舒适，有弹性，节约钢材和水泥等。木楼板只在木材产地采用较多，但耐火性和耐久性均较差，且造价偏高，为节约木材和满足防火要求，现较少采用。

（2）钢筋混凝土楼板。钢筋混凝土楼板具有强度高、刚度好、耐火性和耐久性好、可塑性好的优点，在我国便于工业化生产，因而应用最广泛。按施工方法不同，其可分为现浇式、装配式和装配整体式三种。

（3）压型钢板组合楼板。压型钢板组合楼板是截面为凹凸形的压型钢板与现浇混凝土面层组合形成的整体性很强的一种楼板结构。压型钢板既为面层混凝土的模板，又起结构作用，从而增加楼板的侧向和竖向刚度，使结构的跨度加大，梁的数量减少，楼板自重减轻，加快施工进度，在高层建筑中得到广泛的应用。

8.1.2　Revit 2020 软件中楼板分类

Revit 2020 软件中的楼板分为结构楼板、建筑楼板和基础楼板。其中，"结构"选项卡下的"基础"面板中的"板"是用来绘制基础楼板的，书中第 5 章"基础"已经详细讲解，本章不再重复。结构楼板和建筑楼板都在"结构"选项卡下"结构"面板的"楼板"功能项中，如图 8-1 所示。它们既有区别，又可以相互转换。主要区别如下：

（1）创建结构楼板会添加跨方向符号，因为在结构楼板中创建钢筋保护层时需要添加跨方向符号。

（2）结构楼板有配置钢筋的选项卡，而建筑楼板则没有。所以，如果需要配置钢筋，必须选择"楼板：结构"。

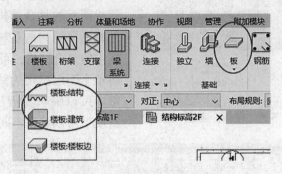

图 8-1　"楼板"功能选项

当然，结构楼板与建筑楼板之间可以通过属性的修改进行相互转换，如图 8-2 所示。在板"属性"面板的"结构"选项框内打钩，就可以把建筑楼板转化为结构楼板。去掉钩，则可以把结构楼板转化为建筑楼板。

8.1.3　楼板的结构

通常情况下，楼板从上至下由面层、楼板和顶层三部分组成。多层建筑中的楼板往往还需设置管道敷设、防水隔声、保温等各种附加层。

（1）面层又称楼面或地面，位于楼板的最上层，起保护楼板、承受并传递荷载的作用，同时对室内起美化装饰作用。

（2）楼板是楼板层的结构层，其主要功能是承受楼板层上的全部荷载，并将这些荷载传给墙或柱，同时还对墙身起水平支撑作用，以加强建筑物的整体刚度。

（3）顶层位于楼板的最下层，是下一层空间的顶棚。其主要作用是保护楼板，安装灯具，遮挡各种水平管线，改善使用功能，装饰美化室内空间。

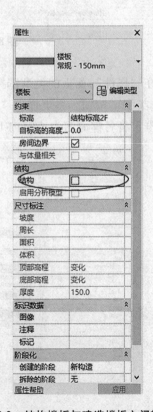

图 8-2　结构楼板与建造楼板之间转换

8.2 建筑楼板的绘制步骤

第一步：定义楼板的类型

在"建筑"选项卡下"构建"面板的"楼板"下拉列表中，单击的"楼板：建筑"按钮，如图 8-3 所示；或者在"结构"选项卡下"结构"面板的"楼板"下拉列表中单击"楼板：建筑"按钮，如图 8-1 所示，都可以创建建筑楼板，两者之间没有区别。系统均会弹出"修改 | 创建楼层边界"上下文选项卡，如图 8-4 所示。在 Revit 软件中，与屋顶、楼板和天花板可包含多个水平层一样，墙可以包含多个垂直层或区域。所有图层一起组成图元的复合结构。这里用来区分不同的水平层结构的是核心边界。对于楼板和墙中的复合结构，可以在"核心边界"内将单个图层指定为结构材质。核心边界外部，可以编辑为面层、保温层等功能层。材质下可以编辑不同的材质。

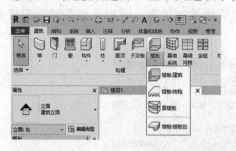

图 8-3　菜单栏"建筑"下的"楼板：建筑"功能命令

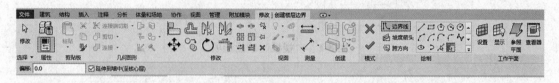

图 8-4　"修改 | 创建楼层边界"菜单栏

在"属性"面板的类型选择器中选择"混凝土 120 mm"选项，单击"属性"面板中的"编辑类型"按钮，系统弹出"类型属性"对话框，单击"复制"按钮，系统弹出"名称"对话框，将名称命名为"室内 120 mm"，单击"确定"按钮，如图 8-5 所示。

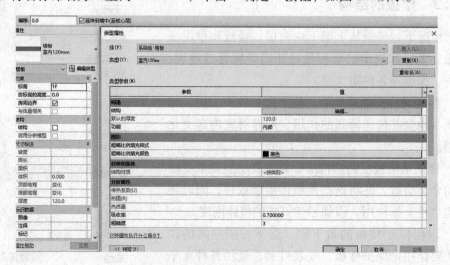

图 8-5　楼板的"类型属性"面板

第二步：定义楼板的结构和材料

单击结构"属性"面板的"编辑类型"按钮，系统弹出"类型属性"对话框，单击"结构"后的"编辑类型"按钮（图 8-6），系统弹出"编辑部件"对话框，如图 8-7 所示。单击"插入"按钮两次，在结构最上方插入结构层。

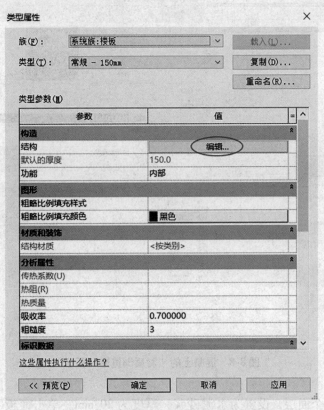

图 8-6　类型属性中的结构"编辑"按钮

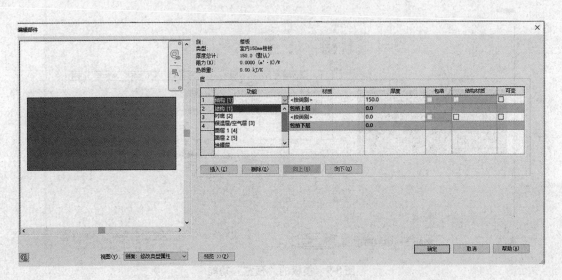

图 8-7　楼板的"编辑部件"面板

单击最上方结构层的"材质（2）"选项，在打开的"材质浏览器"对话框中复制"混凝土"为"混凝土找平层"，如图 8-8 所示，厚度设置为 130 mm。

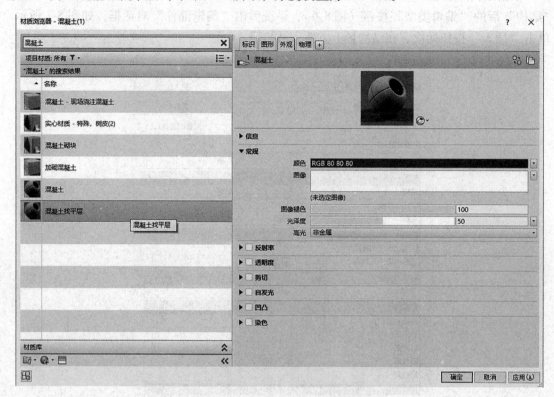

图 8-8　混凝土的"材质浏览器"面板

同理，插入一个面层，设置为水泥砂浆，厚度为 20 mm。单击面板下部的"预览"按钮，可以看到绘制的楼板的不同水平层，如图 8-9 所示。

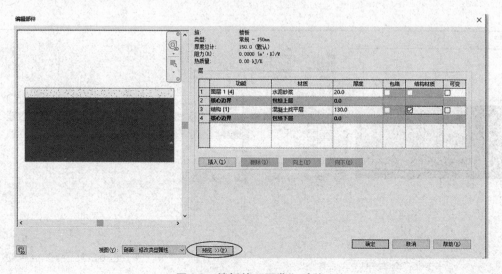

图 8-9　楼板的"预览"功能

第三步：布置楼板

常用楼板的布置可以采用拾取墙、拾取线和用矩形绘制三种方式。这里需要注意的是，每种方式下绘制的线条必须是闭合的。拾取墙方式可以用"修剪"命令来形成闭合区域。完成后单击完成按钮"√"，完成楼板的布置，如图 8-10 所示。

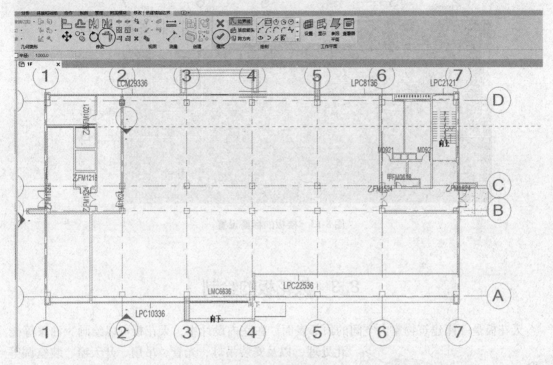

图 8-10　楼板的布置

第四步：调整标高

当无法选择楼板时，需要打开软件绘制界面右下角的"按面选择图元"按钮，如图 8-11 所示。

图 8-11　"按面选择图元"按钮

楼板的标高可以在"属性"面板中修改，也可以用标高来修改。首先，需要给楼板标记高程。在"注释"选项卡下的"尺寸标注"面板中单击"高程点"按钮，用来标记已经布置完成的楼板，如图 8-12 所示。

图 8-12　"高程点"按钮

完成标记后，选择已经布置好的楼板，这时标记变为比较小的数字。单击该数字，可以直接修改标高。需要注意的是标高以 m 为单位，楼板定义标高为 - 40 mm，输入数值 - 0.04，如图 8-13 所示。

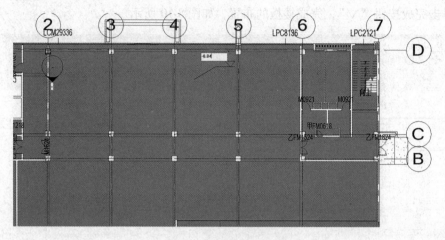

图 8-13　楼板的标高设置

8.3　天花板的绘制

天花板是一座建筑物室内空间的顶部表面。在室内设计中，天花板可以绘画、油漆等美

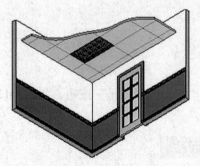

图 8-14　天花板示意

化处理，以及安装吊灯、光管、吊扇、开天窗、装空调等改善室内照明及空气流通，如图 8-14 所示。因此，天花板是对室内顶层装饰装修的总称。在 Revit 2020 软件中，可以采用自动创建和人工绘制两种方式来完成天花板的绘制。

8.3.1　自动创建天花板的步骤

在 Revit 2020 软件中，使用天花板工具可以快速创建室内天花板。创建过程不仅与楼板的绘制过程相似，并且提供了更为智能化的自动查找房间边界功能。

第一步：设置天花板的类型及属性

在"建筑"选项卡"构建"面板中单击"天花板"按钮，系统自动弹出"修改 | 放置 天花板"上下文选项卡，如图 8-15 所示。

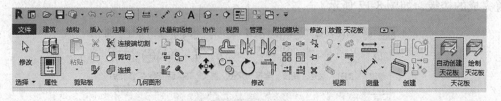

图 8-15　"修改 | 放置 天花板"上下文选项卡

进入"属性"面板可以修改天花板的类型，如图 8-15 所示。Revit 2020 软件自带的天花板族默认为复合天花板。特别注意：天花板是基于标高的图元，因此，创建天花板需要在标高上方指定的距离处放置。如图 8-16 所示，在"标高 1"上创建天花板，天花板需要放置到标高 1 上方的 3 m 处位置。则可将在属性面板的"自标高的高度偏移"文本框中，将标高修改为 2 600.0。放置天花板时，单击可以构成闭合环的内墙或手工绘制封闭边界。

第二步：布置天花板

设置好天花板属性后，需要应用"绘制天花板"工具进行天花板轮廓草图绘制模式。在"建筑"选项卡"构建"面板中单击"天花板"按钮，系统弹出"修改 | 放置 天花板"上下文选项卡。在"天花板"面板中单击"自动创建天花板"按钮，如图 8-17 所示，就可以通过拾取方式，以墙为界限形成的封闭区域内自动创建天花板。

图8-16　天花板"属性"面板

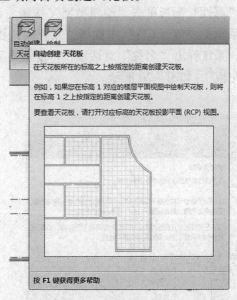

图 8-17　"自动创建天花板"功能命令

将光标移动到闭合墙内有红色的闭合区域（该区域即是天花板），单击鼠标布置天花板。这时会提示天花板在楼层平面不可见，因此，需要调整视图范围。视图范围的剖切面需要高于天花板的标高，这样才可以在平面图上看到天花板，如图 8-18 所示。

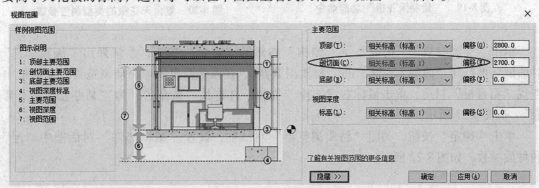

图 8-18　平面视图的设置

8.3.2 人工绘制天花板的步骤

如果采用人工绘制天花板方式,在"建筑"选项卡"构建"面板中单击"天花板"按钮,系统弹出"修改 | 放置 天花板"上下文选项卡,在"天花板"面板中单击"绘制天花板"按钮,如图 8-19 所示,应用面板中的"边界线"工具手工完成天花板轮廓的绘制工作。

小技巧:与"自动创建天花板"不同,手工"绘制天花板"的轮廓不是必须要闭合的墙边界,而可以在非墙边界创建天花板,从而能够起到绘制房间功能分区的作用。

第一步:设置天花板的类型

天花板的人工创建与楼板的人工创建相类似。在单击"构建"面板中的"天花板"按钮后,在"属性"面板单击"编辑类型"按钮,系统弹出"类型属性"对话框,在"类型属性"对话框的"族(F):"中选择"系统族:复合天花板",并单击"类型"对话框"复制"按钮,系统弹出"名称"对话框,将复制类型"600×600 轴网"的名称命名为"某办公楼-天花板",如图 8-20 所示。

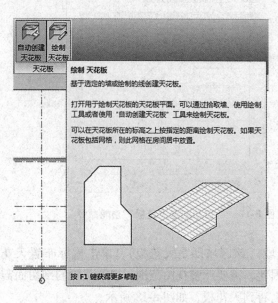

图 8-19 "绘制天花板"功能命令

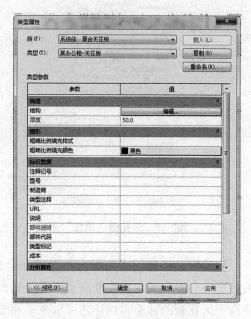

图 8-20 复合天花板的类型属性参数

单击"类型参数""构造"下"结构"右侧的"编辑"按钮,系统弹出"编辑部件"对话框。再打开"面层 2 [5]"的"材质浏览器",在系统弹出的"材质浏览器"对话框中查找"石膏板"材质,单击鼠标右键选择"复制"并将其"重命名"为"某办公楼-石膏板",如图 8-21 所示。

单击"确定"按钮,关闭"材质浏览器"对话框,设置"编辑部件"对话框中"层"的材质参数,如图 8-22 所示。

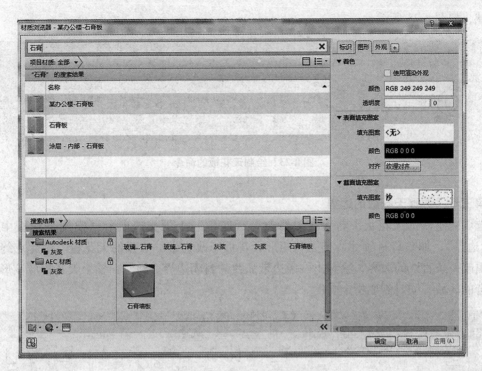

图 8-21　石膏板的材质浏览器

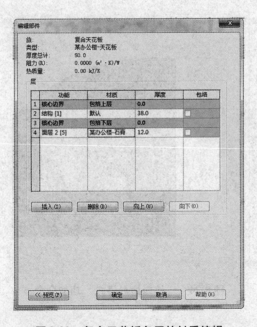

图 8-22　复合天花板各层的材质编辑

第二步：绘制天花板

　　与绘制楼板相似，绘制天花板的绘制区域常用的是矩形，可以通过拾取线和拾取墙方式来完成。由于需要绘制闭合的区域，所以修剪命令也比较常用。运用这些命令绘制一个闭合的区域，如图 8-23 所示。

图 8-23　绘制天花板的命令

第三步：调整天花板的边界

选取所绘制的天花板，然后在"修改｜天花板"上下文选项卡"模式"面板中单击"编辑边界"，如图 8-24 所示。需要将矩形天花板修改为带一边弧的天花板。用起点终点半径弧更改一条直线的边界，绘制出一条边带弧线的封闭边界。注意：整个天花板应该形成一个闭合的区域，同时需要指定高度。

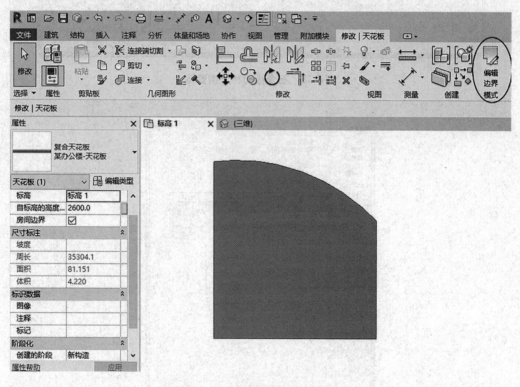

图 8-24　"编辑边界模式"功能命令

课后练习

一、上机实训题

1. 根据图 8-25 和图 8-26 所示绘制板（标高位置与墙体的构造不做要求）。

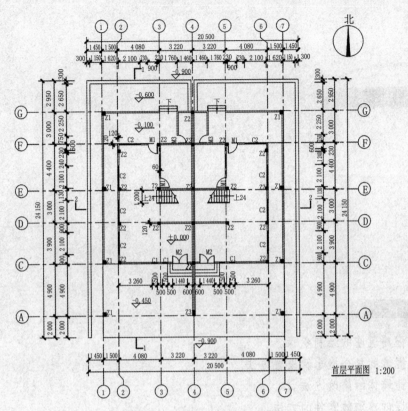

首层平面图 1:200

图 8-25　某建筑的二层平面图

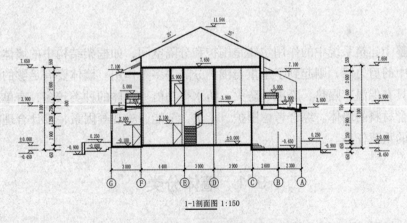

1-1剖面图 1:150

图 8-26　某建筑立面图

二、思考题

1. 如何在楼板中添加保温层、防水层和找平层?

2. "自动创建天花板"与手工"绘制天花板"有何不同?

三、项目综合题

根据本书提供的项目实例图,完成该项目所有楼板的模型绘制。

第 9 章

墙

★学习目标

（1）掌握建筑墙的绘制步骤。
（2）掌握墙的复合概念及设置方法。
（3）掌握墙体的修改方法。
（4）掌握创建墙体零件的方法。
（5）掌握叠层墙的概念及设置方法。

墙体在整个建筑系统中的作用主要是围护和分隔空间，如框架结构中的墙体。而框架－剪力墙结构中的剪力墙，则起到了承重与围护分隔等多重作用。墙体要有足够的强度和稳定性，并且还具有保温、隔热、隔声、防火、防水等功能。墙体的种类较多，有单一材料的墙体，也有复合材料的墙体。综合考虑围护、承重、节能、美观等因素，设计合理的墙体方案是建筑系统的重要任务。

9.1 墙体分类

9.1.1 墙体的一般分类

（1）按照材料，墙体可分为砖墙、加气混凝土砌块墙、石材墙、板材墙和整体墙。

1）砖墙。用作墙体的砖有烧结普通砖、烧结多孔砖、烧结空心砖、焦渣砖等。烧结砖用黏土烧制而成，有红砖、青砖之分。焦渣砖用高炉硬矿渣和石灰蒸养而成。

2）加气混凝土砌块墙。加气混凝土是一种轻质材料，其成分是水泥、砂子、磨细矿渣、粉煤灰等，用铝粉作发泡剂经蒸养而成。加气混凝土具有体积质量轻、隔声、保温性能好等特点。这种材料多用于非承重的隔墙及框架结构的填充墙。

3）石材墙。石材是一种天然材料，主要用于山区和产石地区。分为乱石墙、整石墙和包石墙等做法。

4）板材墙。板材以钢筋混凝土板材、加气混凝土板材为主，玻璃幕墙也属此类。

5）整体墙。框架内现场制作的整块式墙体，无砖缝、板缝，整体性能突出，主要用材以轻骨料钢筋混凝土为主，操作工艺为喷射混凝土工艺，整体强度略高于其他结构，再加上合理的现场结构设计，特别适用于地震多发区、大跨度厂房建设和大型商业中心隔断。

（2）按照结构体系竖向的受力情况，墙体可以分为承重墙和非承重墙。建筑施工图中的粗实线部分和圈梁结构中非承重梁下的墙体都是承重墙。墙体上无预制圈梁的一般均为承重墙。非承重墙体一般在图纸上以细实线或虚线标注，为轻质、简易的材料制成的墙体。非承重墙一般较薄，仅起到分隔空间的作用。

1）承重墙直接承受楼板及屋顶上层构件传导下来的荷载。墙体按承重位置，分为横墙承重、纵墙承重、纵横墙混合承重和部分框架承重等，如图9-1所示。

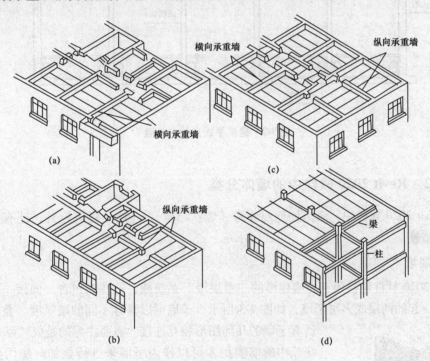

图9-1　各种形式的承重墙

2）非承重墙可分为两种：一是自承重墙，不承受外来荷载，仅承受自身质量并将其传至基础；二是隔墙，起分隔房间的作用，不承受外来荷载，并把自身质量传给梁或楼板。在框架结构中，非承重墙可以分为填充墙和幕墙：填充墙是位于框架梁柱之间的墙体；当墙体悬挂于框架梁柱的外侧起围护作用时，称为幕墙，幕墙的自重由与其连接固定部位的梁柱承担。

（3）墙体按照所在平面的位置，可以分为外墙和内墙。外墙是位于房屋周边的墙，起挡风、避雨、保温、隔热等作用；位于房屋内部的墙统称为内墙，主要起着分隔室内空间的作用，沿着建筑物短轴方向布置的墙称为横墙，有内横墙和外横墙之分，外横墙俗称山墙，如图 9-2 所示。

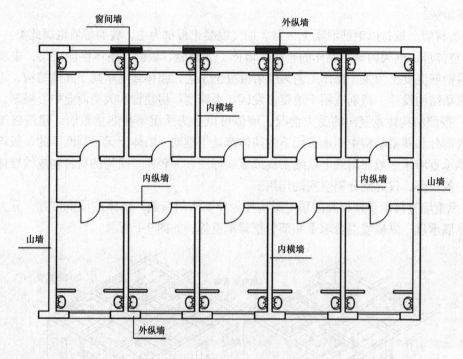

图 9-2　建筑平面上的内外墙

9. 1. 2　Revit 2020 软件中的墙体分类

在 Revit 2020 软件中，墙体处理划分为（墙：结构）、（墙：建筑）外，还有叠层墙和幕墙两个墙族。

1. 叠层墙

Revit 2020 软件包括用于为墙建模的"叠层墙"系统族，这些墙包含一面接一面从下至上叠放在一起的两层或多层子墙，如图 9-3 所示。子墙可以具有不同的墙厚度。叠层墙中的所有子墙的几何图形相互连接。需要注意的是仅"基本墙"系统族中的墙类型才可以作为子墙来进行叠加。使用叠层墙类型，可以在不同高度定义不同墙厚。可以通过"类型属性"来定义叠墙结构。

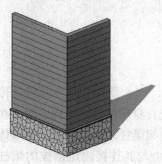

图 9-3　叠层墙示意

2. 幕墙

在 Revit 2020 软件中，幕墙按复杂程度分为常规幕墙、规则幕墙和面幕墙三种。常规幕墙是墙体的一种特殊类型，其绘制方法和常规墙体相同，并具有常规墙体的各种属性，可以像编辑常规墙体一样用"附着""编辑立面轮廓"等命令编辑常规幕墙。规则幕墙和面幕墙可通过创建体量或常规模型来绘制，主要在幕墙数量、面积较大或不规则曲面时使用。本章暂不讲解幕墙的相关内容。

3. 建筑墙

Revit 2020 软件中的（墙：建筑）就是前文提及的非承重墙。可以单击"结构"选项卡"结构"面板下的"墙"下拉列表中的"墙：建筑"按钮，或者"建筑"选项卡下"构建"面板下的墙下拉菜单中的"墙：建筑"按钮来绘制，两者完全一致。

4. 结构墙

Revit 2020 软件中创建一个合并了"剪力""承重"或"结构"的结构墙。创建结构墙可以单击"结构"选项卡"结构"面板的"墙"下拉列表中的"墙：结构"按钮，或者单击"建筑"选项卡"构建"面板的"墙"下拉列表中的"墙：结构"按钮来绘制，两种方法结果完全一致。

9.2　墙体的设计要求

墙体除满足结构方面的要求外，作为围护构件还应具有保温、隔热、隔声、防火、防水、建筑工业化等功能要求。

1. 结构要求

墙体是建筑系统的围护构件，也是主要的承重构件。墙体布置必须同时考虑建筑和结构两方面的要求，既满足设计的房间布置、空间大小划分等空间使用要求，又应选择合理的承重结构布置方案，使墙体能够安全承受作用在其上的各种荷载，并且坚固耐久、经济合理。结构布置指梁、板、柱等结构构件在房屋中的总体布局。墙体承重结构的布置方案通常有横墙承重、纵墙承重、纵横墙双向承重、局部框架承重四种体系，如图 9-4 所示。

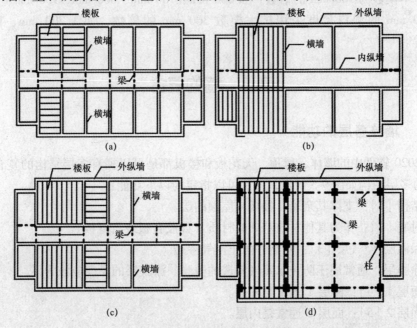

图 9-4　墙体承重结构的布置方案

（a）横墙承重体系；（b）纵墙承重体系；（c）双向承重体系；（d）局部框架承重体系

承载力是指墙体承受荷载的能力。对于大量民用建筑，一般横墙数量多，空间刚度大，但仍需验算承重墙或柱在控制截面处的承载力。承重墙应有足够的承载力来承受楼板及屋顶竖向荷载。地震区还应考虑地震作用下的墙体承载力，对多层砖混房屋一般只考虑水平方向的地震作用。

墙、柱高厚比是指墙、柱计算高度 H 与墙厚 B 的比值。高厚比越大，构件形状越细长，稳定性越差。实际工程中，高厚比必须控制在允许高厚值范围以内。允许高厚比限值在结构上有明确的规定，它是综合考虑了砂浆强度等级、材料质量、施工水平、横墙间距等诸多因素确定的。

2. 功能方面的要求

在墙体设计要求中，除必须考虑墙体的承重结构与承载力等因素外，还需要考虑墙体所在房屋的应用，从而确定墙体功能的要求。其中有：保温与隔热要求；隔声要求；防火要求；防水要求；建筑工业化要求等。不同建筑物对不同的功能要求有所不同。

3. 尺寸要求

墙的厚度主要由块材和灰缝的尺寸组合而成。以常用的实心砖规格 240 mm × 115 mm × 53 mm（长×宽×厚）为例，用砖的三个方向的尺寸作为墙厚的基数，当错缝或墙厚超过砖块尺寸时，均按灰缝 10 mm 进行砌筑。从尺寸上不难看出，砖厚加灰缝、砖宽加灰缝后与砖长形成 1：2：4 的比例，组砌很灵活。当采用复合材料或带有空腔的保温隔热墙体时，墙厚尺寸在块材尺寸基数的基础上根据构造层次计算即可。

洞口是指在墙体上挖出的门窗洞尺寸，其尺寸应按模数协调同一标准制定，这样可以减少门窗规格，有利于工厂化生产，提高工业化的程度。一般情况下，1 000 mm 以内的洞口尺度采用基本模数为 100 mm 的倍数，如 600 mm、700 mm、800 mm、900 mm、1 000 mm，大于 1 000 mm 的洞口尺度采用扩大模数 300 mm 的倍数，如 1 200 mm、1 500 mm、1 800 mm 等。

9.3　墙的复合

9.3.1　墙体各层的功能

Revit 2020 软件中的墙体、屋顶、天花板和楼板都是可以拥有多层结构的复合图元。其中，墙体的多层结构如图 9-5 所示，各层可以指定为以下功能：

（1）结构［1］：支撑其余墙、楼板或屋顶的层。

（2）衬底［2］：作为其他材质基础的材质（如胶合板或石膏板）。

（3）保温层/空气层［3］：隔绝并防止空气渗透。

（4）涂膜层：通常用于防止水蒸气渗透的薄膜。涂膜层的厚度应该为零。

（5）面层 1［4］：面层 1 通常是外层。

（6）面层 2［5］：面层 2 通常是内层。

选择墙后，可以单击属性面板的"编辑类型"按钮，在弹出的"类型属性"对话框"类型参数"文本框中单击"结构"后的"编辑"按钮，系统弹出"编辑部件"对话框，

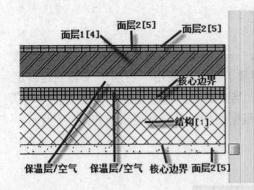

	功能	材质	厚度	包络	结构材质
1	面层 2 [5]	涂层 - 外部	25.0	☑	
2	面层 2 [5]	涂层 - 外部	25.0	☑	
3	面层 1 [4]	砖石建筑 -	102.0	☑	
4	保温层/空气	其他通风层	50.0	☑	
5	保温层/空气	隔热层/热墙	50.0	☑	
6	涂膜层	防潮层/防水	0.0	☑	
7	核心边界	包络上层	0.0		
8	结构 [1]	砖石建筑 -	190.0	☐	☑
9	核心边界	包络下层	0.0		
1	面层 2 [5]	涂层 - 内部	12.0	☑	

图9-5　墙体的多层结构

如图9-6所示。"层"选项区的列表提供了墙体几种功能，即保温层/空气层，其中，面层1 [4]、面层2 [5] 和涂膜层（通常用于防水涂层，厚度必须为0。外部边对应是墙的外侧，内部边对应的是墙的内侧）。在 Revit 墙结构中，墙体包括"核心结构"和"核心边界"两个特殊的功能层，用于界定墙的核心结构与非核心结构。"核心结构"指墙存在的条件，"核心边界"之间的功能层是墙的核心结构，"核心边界"之外的功能层为"非核心结构"，如装饰层、保温层等辅助结构。以砖墙为例，"砖"结构层是墙的核心部分，而"砖"结构层之外的抹灰、防水、保温等部分功能层依附于砖结构部分而存在，因此，可以称为"非核心"部分。功能为"结构"的功能层必须位于"核心边界"之间。"核心结构"可以包括一个或几个结构层或其他功能层，用于生成复杂结构的墙体。

图9-6　基本墙的"编辑部件"对话框

9.3.2 墙体各层的材质

复合结构中的每一层都应指定一种材质。例如，一层可能是气密层，另一层是胶合板，其后一层是木质层。Revit 2020 软件有多种预定义材质，也可以使用"材质"工具创建自定义材质。复合图元中的材质可以标记、生成明细表。当视图的"详细程度"设置为"中等"或"精细"时，复合图元墙的各图层在视图中可以根据图层材料属性显示，如图 9-7 所示。

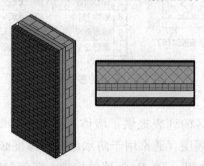

图 9-7　墙体中各复合层的材料属性显示

对于"粗略"的详细程度，复合结构的图层不会显示，而只会显示该图元的边界，以及"粗略比例填充样式"和"粗略比例填充颜色"（前提是为复合结构指定了这些类型属性）。材料热资源的属性和图层厚度用于计算复合结构的 R 值。R 值用于创建能量分析模型。当为墙或楼板图元的核心图层选择"结构材质"选项时，指定给该图层的材质的物理资源将用于结构分析模型。

9.4　建筑墙的绘制步骤

根据书中的项目附图，需要建立的内墙为 200 mm 厚的普通墙，选择常规 200 mm 基本墙，复制命名为 200 mm 内墙，核心结构编辑为混凝土砌块。

第一步：设定墙体的定位线

在"建筑"选项卡下"构建"面板"墙"下拉列表中单击"墙：建筑"按钮后，系统会弹出"修改 | 放置 墙"上下文选项卡和设置参数的选项栏，如图 9-8 所示。"定位线"默认为墙中心线，可以更改为内墙或外墙的核心层或面层；勾选"链"后就可以绘制连续的墙。"偏移"常用于绘制外墙，因为外墙通常不是沿着轴中心线布置的。偏移数值表示墙体距离捕捉点的距离。

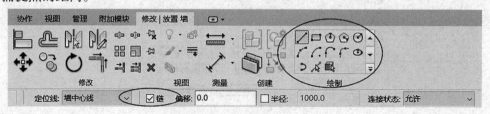

图 9-8　墙体的定位

设置偏移量为 200 mm，如图 9-9 所示，则绘制墙体时捕捉绿色虚线（参照平面），绘制的墙体中心线距离参照平面 200 mm。

第二步：利用"拾取"功能绘制墙

绘制墙体时，常用命令为"绘制直线"或"拾取直线"，由于内墙大多数情况下是由轴线布置的，所以，可以用"拾取直线"选择轴线来布置墙体。如果以导入的二维平面图作为底图，则可以选择"拾取线"或"拾取边"命令，再单击拾取平面图的墙线，则自动生成 Revit 2020 的墙体。

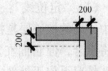

图 9-9　墙体的绘制

除此以外，还可利用"拾取面"功能拾取体量的面直接生成墙体。这里特别说明，"半径"表示两面直墙的端点相连接处不是折线，而是根据设定的半径值自动生成圆弧墙，如图 9-10 中所示的圆弧墙设定的半径为 1 000 mm。

第三步：调整墙体属性

点击布置完成的墙体，在右侧能看到该墙体的"属性"面板，如图 9-11 所示。该属性为墙的实例属性，主要用于设置墙体的墙体定位线、高度、底部和顶部的约束与偏移等。其中的有些参数显示为不能调整的暗色；如果需要调整该参数，则需要更换为三维视图，选中构件、或使用"附着"功能时，墙体会自动显亮。

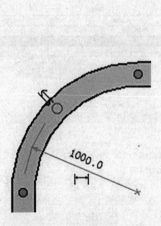

图 9-10　圆弧墙的绘制

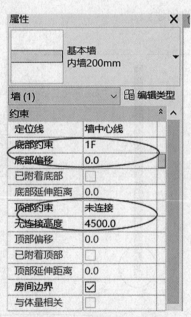

图 9-11　墙体属性的调整

在墙体属性参数中，最常用的是两个约束条件。

（1）"底部约束"和"顶部约束"：表示墙体上、下的约束范围。当顶部设置为未连接时，可以直接输入无链接的高度。

（2）"底部偏移"和"顶部偏移"：在约束范围的条件下，可上、下微调墙体的高度。如果同时偏移 100 mm，表示墙体高度不变，整体向上偏移 100 mm。+100 mm 为向上偏移，

–100 mm 为向下偏移。

其他属性参数的具体含义如下：

（1）"定位线"：共分为墙中心线、核心层、面层面与核心面四种定位方式。在 Revit 术语中，墙的核心层是指其主结构层。在简单的砖墙中，"墙中心线"和"核心层中心线"平面将重合，但它们在复合墙中可能会不同。顺时针绘制墙时，其外部面（面层面：外部）默认情况下位于外部。

（2）"房间边界"：在计算房间的面积、周长和体积时，Revit 2020 软件会使用到房间边界参数。用户可以在平面视图和剖面视图中查看房间边界。

（3）"结构"：表示该墙是否为结构墙，勾选后可用于进行后期受力分析。

9.5 墙体的垂直结构修改

单击"属性"面板中的"编辑类型"按钮，系统弹出"类型属性"对话框，单击"类型属性"对话框中的"构造"→"结构"后的"编辑"按钮，系统弹出"编辑部件"对话框，如图 9-12 所示。内/外部边表示墙的内、外两侧，可根据需要添加墙体的内部结构构造。"视图"中"剖面：修改类型属性"用于修改墙体的垂直结构，主要用于复合墙、墙饰条与分隔缝的创建。

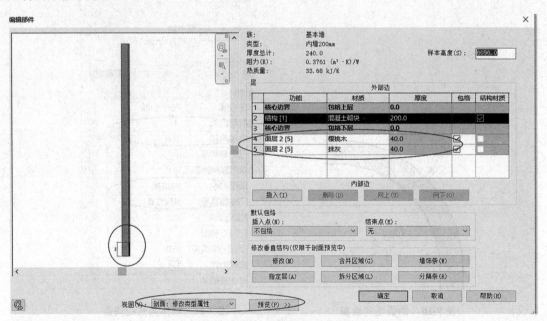

图 9-12 墙体的"编辑部件"对话框

1. 复合墙

在"编辑部件"面板中，单击"插入"按钮，添加一个面层，将"厚度"改为 20 mm。创建复合墙，通过利用"拆分区域"按钮拆分面层，放置在面层上会有一条高亮显示的预览拆分线，确认好高度后单击放置。在"编辑部件"面板中再次插入新建面层，修改面层材质。单击该新建面层前的数字，选中新建的面层，单击"指定层"，在视图中单击拆分后的某一段面层，选中的面层蓝色显示，单击"修改"按钮，则新建的面层指定给了拆分后的某一段面层。设置完成后在三维视图中进行查看，如图 9-13 所示。

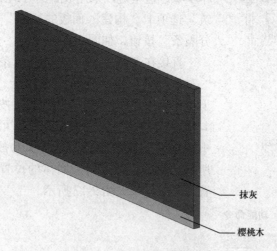

抹灰

樱桃木

图 9-13　复合墙的三维效果

2. 墙饰条

墙饰条主要是用于绘制的墙体在某一高度处自带墙饰条。单击"墙饰条"按钮，在弹出的"墙饰条"对话框中，单击"添加"按钮可选择不同的轮廓族。如果没有所需的轮廓，可单击"载入轮廓"按钮载入轮廓族，载入场地中的散水轮廓。设置墙饰条的各项参数，则可实现绘制出的墙体直接带有墙饰条。轮廓选择散水，可以看出载入的散水轮廓离墙有一定的空隙，调整空隙，利用偏移 –25，使得散水靠近墙体，如图 9-14 所示。

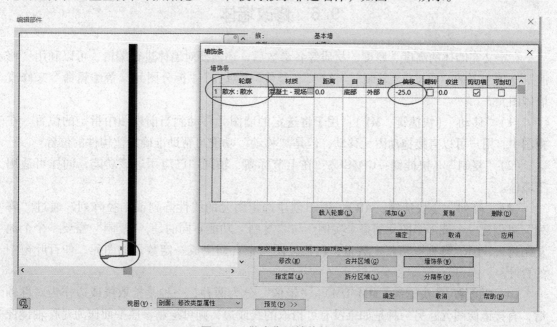

图 9-14　散水靠近墙体的设置

3. 分隔条

图 9-15 "墙：分隔条"功能命令

分隔条可以看作装饰条的反向操作。类似墙饰条的操作步骤，这里可以采用放置的方式来放置分隔缝。在"建筑"选项卡"构建"面板的"墙"下拉列表中单击"墙：分隔条"按钮，如图 9-15 所示。

直接在三维视图中进行分隔条的放置。视图切换至"三维视图"，在"建筑"选项卡"构建"面板的"墙"下拉列表中单击"墙：分隔条"按钮，系统弹出"修改｜放置 分隔条"上下文选项卡，可以单击"放置"面板中"水平"或"垂直"的方式来放置分隔条，如图 9-16 所示。然后，直接点击墙体的位置即可完成分隔条的布置，三维效果如图 9-17 所示。

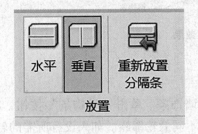

图 9-16 分隔条的放置方式

图 9-17 分隔条的三维效果

9.6 修改墙体

在定义完墙体的高度、厚度、材质等各参数后，还需要对墙体进行编辑，可以利用"修改"选项卡下的"移动""复制""阵列""镜像""对齐""拆分图元"等编辑命令来修改墙体图元。

（1）"移动"（快捷键：MV）：用于将选定的墙图元移动到当前视图中指定的位置。在视图中，用户可以直接拖动图元移动，但是"移动"功能可帮助准确定位构件的位置。

（2）"复制"（快捷键：CO/CC）：在上节标高、轴网中已应用过该功能，同样可适用于墙体。

（3）"阵列"（快捷键：AR）：用于创建选定图元的线性阵列或半径阵列，通过"阵列"可创建一个或多个图元的多个实例。与"复制"功能不同的是，"复制"需要一个个地复制过去，但"阵列"可指定数量，在某段距离中自动生成一定数量的图元，如百叶窗中的百叶。

（4）"镜像"（快捷键：MM/DM）："镜像"分为两种：一种是拾取线或边作为对称轴后，直接镜像图元；另一种是如果没有可拾取的线或边，则可绘制参照平面作为对称轴镜像图元。对于两边对称的构件，通过"镜像"可以大大提高工作效率。

（5）"对齐"（快捷键：AL）：选择"对齐"命令后，先选择对齐的参照线，再选择需对齐移动的线。

（6）"拆分图元"（快捷键：SL）："拆分图元"是指在选定点剪切图元（如墙或线），或删除两点之间的线段，常结合"修剪"命令一起使用。如图 9-18 所示，单击"修改"选项卡"修改"面板中的"拆分图元"按钮，在要拆分的黄色墙体中单击任意一点，则该面墙被分成两段。再用"修剪"命令选择所要保留的两面墙，则可将墙修剪成所需状态。

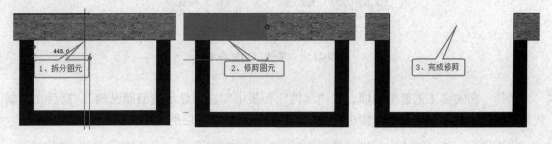

图 9-18 墙体的拆分与修剪

选择绘制完成的墙，系统弹出"修改 | 墙"上下文选项卡，单击"修改 | 墙"上下文选项卡"模式"面板中的"编辑轮廓"按钮，如图 9-19 所示。如果在平面视图进行了轮廓编辑操作，则弹出"转到视图"对话框，选择任意立面或三维进行操作，进入绘制轮廓草图模式。

图 9-19 墙的"编辑轮廓"工具

在三维或立面视图中，可以利用"修改 | 墙 > 编辑轮廓"上下文选项卡"绘制"面板中的各种绘制工具绘制所需墙体轮廓，其创建步骤为：首先创建一段墙体；然后在"修改 | 墙"上下文选项卡"模式"面板中，单击"编辑轮廓"按钮，系统弹出"修改 | 墙 > 编辑轮廓"上下文选项卡，单击"绘制面板中的绘制工具"修改墙体的轮廓；最后单击"√"完成墙体轮廓的编辑，如图 9-20 所示。

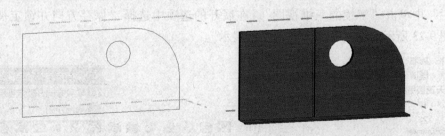

图 9-20 编辑后墙体轮廓

9.7 创建零件用于展示

在 Revit 2020 软件中，可以通过创建零件方式将墙体的几何层次分开，并对墙体进行工艺展示。在"修改"选项卡"创建"面板中单击"零件"按钮，如图 9-21 所示。

图 9-21 "零件"功能命令

选择一面需要工艺造型的墙，在"属性"面板中勾选"显示造型操纵柄"，然后在绘制区域拖动蓝色的小三角对所选面进行缩放，以此调整每个面层的大小，如图 9-22 所示。

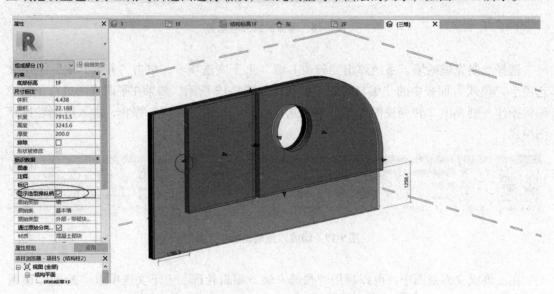

图 9-22 利用蓝色小三角调整工艺造型墙

调整完造型墙各面层的大小尺寸后，就可以对各面层的材料进行必要注释。因为文字注释属于二维图元，材料的注释需要保存到一个三维视角的视图中。在软件界面下部的"视图控制栏"中单击"解锁的三维视图"，在展开的选项中选择"保存方向并锁定视图"命令，如图 9-23 所示。将其命名为"墙工艺展示"。

图 9-23 "保存方向并锁定视图"命令

保存完成后就可以添加材质的注释了。在"注释"选项卡下的"标记"面板中，单击"材质标记"按钮，如图 9-24 所示。

图 9-24　"材质标记"按钮

当鼠标光标指向某一墙体面层时，系统会自动识别并显示每个面层的材质。第一次单击选择需要标注的对象，第二次单击选择放置标注的具体位置，如图 9-25 所示。

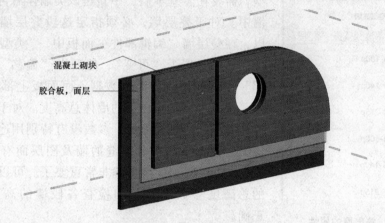

图 9-25　墙体标注的放置

9.8　叠层墙

在 Revit 2020 软件中，除基本墙和幕墙两种墙系统族外，还提供了另一种可以创建更为复杂结构的墙系统族——叠层墙。它是一种可以由若干不同子墙（基本墙类型）上下堆叠在一起而组成的主墙，可以在不同的高度上定义不同的墙厚、复合层和材质，如图 9-26 所示。

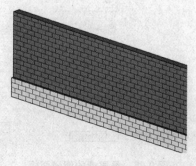

图 9-26　叠层墙

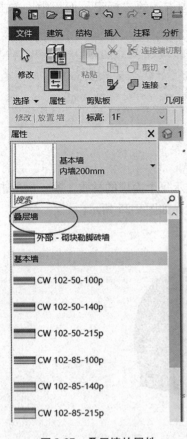

图 9-27　叠层墙的属性

由于叠层墙是由不同厚度或不同材质的基本墙组合而成的，因而在绘制叠层墙之前，首先要定义多个基本墙的属性。在"建筑"选项卡或"结构"选项卡的"结构"面板中单击"墙"按钮后，在墙的"属性"面板中选中"叠层墙"下的实例（图 9-27），然后单击"编辑类型"按钮。在弹出的"类型属性"对话框中单击"结构"后的"编辑"按钮对选中的基本墙进行空间布置。

叠层墙的"编辑部件"对话框如图 9-28 所示。墙 1、墙 2 均来自已有的"基本墙"。如果是没有的墙类型，需要在"基本墙"中新建该类墙体后再添加到叠层墙中。对于叠层墙，必须指定这段叠层墙的高度，所以，在叠层墙"编辑部件"面板中，"类型"下的"高度"选项设置为"可变"，然后在"偏移""顶""底部"中设置相应的高度数据。而面板上部的"样本高度"是指左侧预览图中的墙体总高度。对于一般的常规墙体类型，"样本高度"参数没有特别用途，但对于叠层墙、带饰条和带分割缝的墙及图层面有多种材质的墙，"样本高度"参数就非常重要了。可以通过这个墙的总高度参数来核对和检查各段墙的高度是否设置正确。

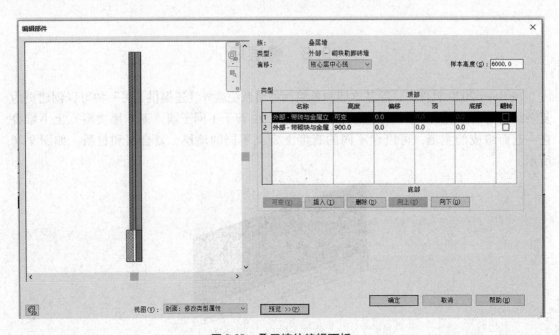

图 9-28　叠层墙的编辑面板

9.9　结构墙

用"面积"布置结构墙的分布钢筋，以实例图 9-29 为例（钢筋配置见表 9-1），详细讲解分布钢筋的布置。

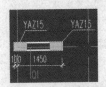

图 9-29　剪力墙尺寸

表 9-1　剪力墙的钢筋配置表

剪力墙身表						
编号	标高	墙厚	水平筋	竖向筋	拉筋	备注
01（2 排）	一层 ～ 4.385	250	⊕10@200	⊕10@200	⊕8@400×400	水平筋放外侧
02（2 排）	一层 ～ 4.385	200	⊕10@200	⊕10@200	⊕8@400×400	水平筋放外侧

首先，绘制结构墙体，标高选择 1F，墙体未连接，高度为 4 385 mm，长度为 1 550 mm。然后，单击"结构"选项卡，"钢筋"选项卡中的"面积"命令，在立面中框选绘制完成的墙体。这里需要注意主筋的方向，用"主筋方向"命令选择横向或者纵向的钢筋为主筋，如图 9-30 所示，选择纵向钢筋为主筋。

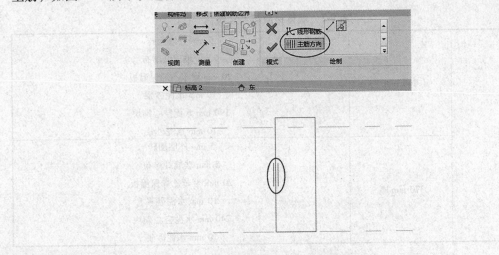

图 9-30　墙体主筋的布置

在"属性"面板的"图层"中选择墙体内外的钢筋型号和分布距离，以及弯钩形状。根据图纸要求完成参数设置，如图 9-31 所示。设置完成后单击"模式"中的"√"。

绘制完成后切换到三维视图查看效果，如图 9-32 所示。

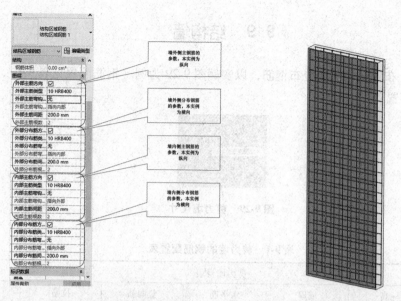

图 9-31 墙体内钢筋的设置   图 9-32 剪力墙内钢筋的布置效果

课后练习

一、上机实训题

根据表9-2绘制墙体，分别命名为"240 mm 隔断墙"和"370 mm 内墙"并绘制高度为5 000、长度为2 000的墙体，对材质颜色无要求。

表9-2 墙体材质与尺寸表

墙	240 mm	5 mm 外墙面砖
		5 mm 玻璃纤维布
		20 mm 聚苯乙烯保温板
		10 mm 水泥砂浆
		190 mm 水泥空心砌块
		10 mm 水泥砂浆
	370 mm 厚	5 mm 外墙面砖
		5 mm 玻璃纤维布
		20 mm 聚苯乙烯保温板
		10 mm 水泥砂浆
		240 mm 水泥空心砌块
		10 mm 水泥砂浆

二、思考题

1. 叠层墙与复合墙有何区别？

2. 建筑墙与结构墙之间能否相互转换？如何转换？

三、项目综合题

根据本书提供的项目实例图，完成该项目所有墙体的模型绘制。

第 10 章

屋顶

★学习目标

（1）掌握迹线坡屋顶的绘制步骤。
（2）掌握迹线平屋顶的绘制步骤。
（3）掌握拉伸屋顶的绘制步骤。
（4）掌握屋顶之间的连接步骤。
（5）掌握老虎窗的绘制步骤。

屋顶是建筑物最上面覆盖的部分，在建筑系统中发挥着防风、雨、雪、抵挡阳光、隔声的作用。

10.1　屋顶的类型

（1）按照形状，屋顶可以分为圆顶、尖顶、波状顶等，如图 10-1 所示。

图 10-1　建筑物的圆顶和尖顶

（2）按照屋顶平面是否有坡度，屋顶可以分为平屋顶和坡屋顶，如图 10-2 所示。

1）平屋顶是屋顶外部形式的一种，平屋顶的屋面较平缓，坡度小 5% ，一般由结构层和防水层组成，有时还要根据地理环境和设计需要加设保温层和隔热层等。平屋顶的特点是构造简单、节约材料，呈平面状的屋面有利于利用，如做成露台、屋顶花园等。

2）坡屋顶通常是指屋面排水坡度大于 10% 。坡屋顶以双坡式和四坡式采用较多。

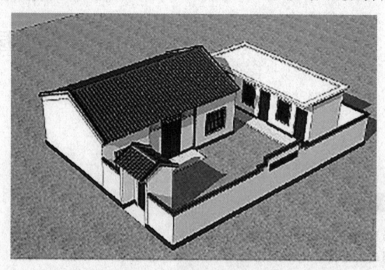

图 10-2　建筑的平屋顶和坡屋顶

（3）按建材分为瓦、木板、合成板、金属板等。

10.2　屋顶的绘制

在 Revit 2020 软件中，可以通过"迹线屋顶""拉伸屋顶"和"面屋顶"三种方式绘制屋顶。具体工具选项位于"建筑"选项卡"构建"面板中的"屋顶"下拉列表中，如图 10-3 所示。

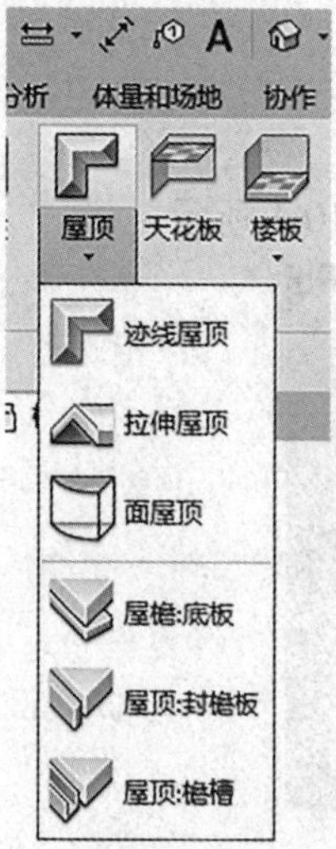

其中，"迹线屋顶"是有适用条件的。"迹线屋顶"的所有边必须是一个闭合图形，每条边都可以调整屋顶的角度；"拉伸屋顶"的各边不需要是一个闭合区域，也不能直接通过边调整屋顶角度，整个屋面是通过一条连续曲线拉伸而成的；"面屋顶"是一个连续的曲面生成一个屋顶。

10.2.1　第一种迹线坡屋顶方法的绘制步骤

第一步：选择屋顶平面

根据本书实例图纸，选择 2F 作为屋顶的绘制平面。

第二步：单击"迹线屋顶"按钮

在 2F 平面视图下，从"建筑"选项卡"构建"面

图 10-3　绘制屋顶的三种工具选项

板中选择"屋顶",然后在其下拉列表中单击"迹线屋顶"按钮,如图 10-3 所示。

第三步:设置屋顶类型及属性参数

系统弹出"修改 | 创建屋顶迹线"上下文选项卡,单击"属性"按钮,如图 10-4 所示。

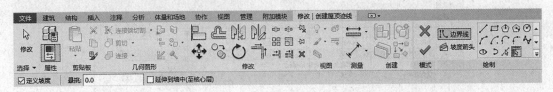

图 10-4 "修改 | 创建屋顶迹线"选项卡

单击"属性"面板中的"编辑类型"按钮,系统弹出"类型属性"对话框。"类型属性"对话框中的"族(F)"选项为"系统族:基本屋顶";将"类型(T)"的"常规 – 125"命名为"某楼 – 150mm 屋顶"。通过单击"属性"面板中的"编辑类型"按钮,系统弹出的"类型属性"对话框,该对话框中的类型参数与楼板"类型属性"对话框中的类型参数基本相同,如图 10-5 所示。

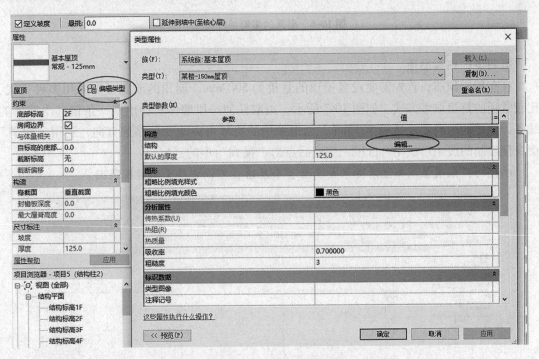

图 10-5 屋顶类型参数设置

单击"类型参数(M)"文本框中"结构"参数右侧的"编辑"按钮,系统弹出"编辑部件"对话框,如图 10-6 所示。然后即可对每个层的"功能""材质"和"厚度"等参数进行设置,首先,新建两个结构层。将"面层 1 [4]"的"材质"设定为水泥砂浆,"厚度"设定为 25 mm;结构 [1] 的"材质"设定为"混凝土:现场浇注混凝土","厚度"保持 125 mm 不变,如图 10-6 所示。

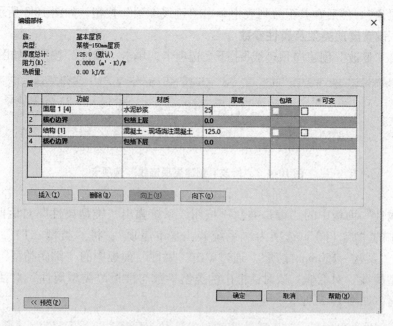

图 10-6　屋顶的编辑部件面板

第四步：布置屋顶

在布置屋顶前，首先需要设置屋顶的悬挑为 500 mm。屋顶的放置可以采用多种方式，比较常用的是拾取墙方式。如图 10-7 所示，拾取任何一段墙体均会出现一条偏移出墙体的线条，偏移的距离就是悬挑 500 mm，点击圈中的符号可以改变偏移的方向，利用"修剪"命令使绘制的线条形成闭合区域，完成后点击"模式"中的"√"。

小技巧：完成屋顶布置后如果看不全整个屋顶，可以调整平面视图范围。

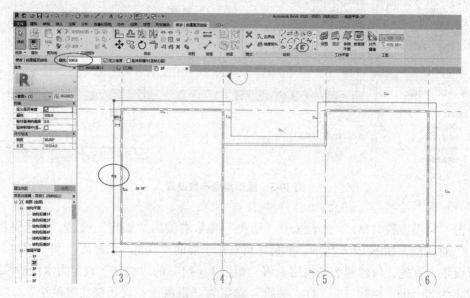

图 10-7　拾取墙方式布置屋顶

第五步：调整屋顶的角度

布置完成屋顶后，系统会自动设置屋顶的坡度。如果默认坡度与实际不符，需要对默认的坡度进行调整。如图 10-8 所示，选择布置完成的屋顶，在弹出的"修改｜屋顶"上下文选项卡中单击"编辑迹线模式"按钮。

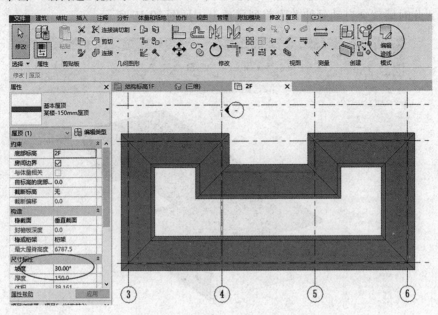

图 10-8　屋顶"编辑迹线模式"

进入编辑模式后，单击任意一条屋檐即可编辑角度。如果取消勾选"定义坡度"选项，则视为坡度为 0。把北边突出的两段屋檐的坡度设置为 0，完成后，单击"修改｜屋顶 > 编辑迹线"上下文选项卡"模式"面板中的"√"，如图 10-9 所示。

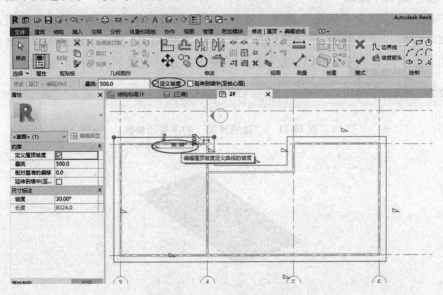

图 10-9　屋顶坡度的参数设置

第六步：墙与屋顶的附着

设置完坡度后，需要切换到三维视图中查看效果。由于修改了屋顶坡度，屋顶与立墙之间没有连接在一起，出现了间隙，需要将墙上部延伸至屋顶。首先选择墙体，单击"修改 | 墙"上下文选项卡"修改墙"面板中的"附着顶部 | 底部"按钮，再选择需要附着的屋顶，此时墙就会自动延伸并附着到屋顶上，如图 10-10 所示。

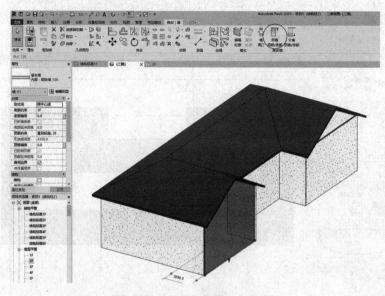

图 10-10　墙与屋顶的附着

10.2.2　第二种迹线坡屋顶方法的绘制步骤

第一步：绘制平屋顶

在"建筑"选项卡"构建"面板"屋顶"下拉列表中单击"迹线屋顶"按钮，在绘制屋顶时取消勾选"定义坡度"，悬挑仍是 500 mm，如图 10-11 所示。还是选择墙进行迹线屋顶的绘制，由于没有坡度，所以，绘制出来的是平屋顶，效果如图 10-12 所示。

图 10-11　"迹线屋顶"的平屋顶参数

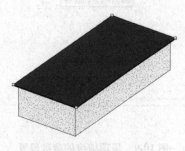

图 10-12　平屋顶效果图

第二步：分割平屋顶

选择编辑完成的屋顶，系统弹出"修改丨屋顶"上下文选项卡，单击"形状编辑"面板中的"添加点"按钮或"添加分割线"按钮，在屋顶需要分割的部位添加点或线，完成后按 Esc 键退出，如图 10-13 所示。

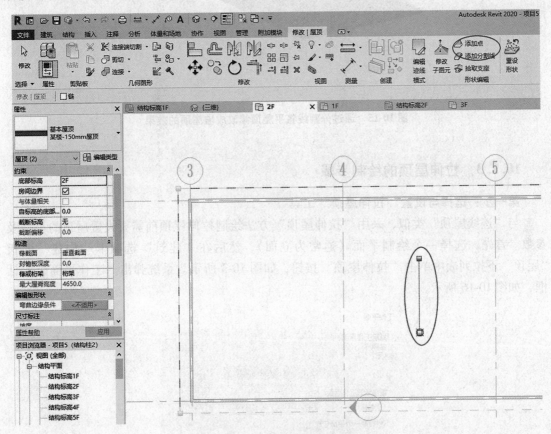

图 10-13　屋顶分割点或者线的设置

第三步：提升分割点标高

当鼠标变为图 10-14 所示的图形时，单击所添加的点（或添加线的两点之一），单击"0"，输入希望更改的标高，这里把两个点的数值都写入 1 000，意味着这两个点高出平面 1 000 mm。设置完成后按 Esc 键退出编辑模式。

第四步：三维查看绘制效果并调整

通过三维视图可以查看坡屋顶的绘制效果。如果不满意，需要继续修改。在"修改丨屋顶"上下文选项卡的"形状编辑"面板中，先单击"添加点"按钮，然后按 Esc 键，出现图 10-14 所示的标记后，再单击所需要修改的点，才能继续更改标高。通过完成对以上分割点或分割线的标高设置后，就可以将平屋顶修改成坡屋顶，效果如图 10-15 所示。

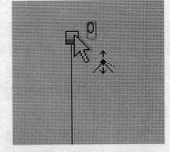

图 10-14　分割点的标高设置

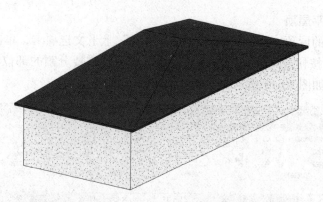

图 10-15　通过分割线将平屋顶修改成坡屋顶的效果

10.2.3　拉伸屋顶的绘制步骤

第一步：选择与设置"拉伸屋顶"工具

与"迹线屋顶"类似，采用"拉伸屋顶"方法绘制拉伸屋顶前需要设置屋顶的类型及参数。首先，选择一个绘制平面（通常为立面），然后在"建筑"选项卡"构建"面板"屋顶"下拉列表中单击"拉伸屋顶"按钮，如图 10-3 所示。系统弹出"工作平面"对话框，如图 10-16 所示。

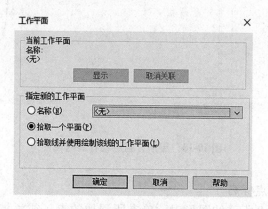

图 10-16　"工作平面"对话框

在"工作平面"对话框"指定新的工作平面"选项区中，选择"拾取一个平面"方式。拾取西面的墙体，此时会弹出图 10-17 所示的"转到视图"对话框，在这里设置拉伸的方向，选择"立面：东"。需要注意的是上面的"工作平面"就是建模者用来绘制图元的平面，视图是垂直于工作平面的，且绘制的图元将沿着工作平面的垂线进行拉伸。

在"屋顶参照标高和偏移"面板中确定屋顶的标高和偏移，如图 10-18 所示。此处选择"2F"。

第二步：绘制屋顶边缘线

根据墙的位置，利用绘制命令和修改命令绘制出一个屋顶的边缘线。完成后单击"模式"中的"√"，如图 10-19 所示。

图 10-17　"转到视图"对话框　　　图 10-18　屋顶的参照标高和偏移设置

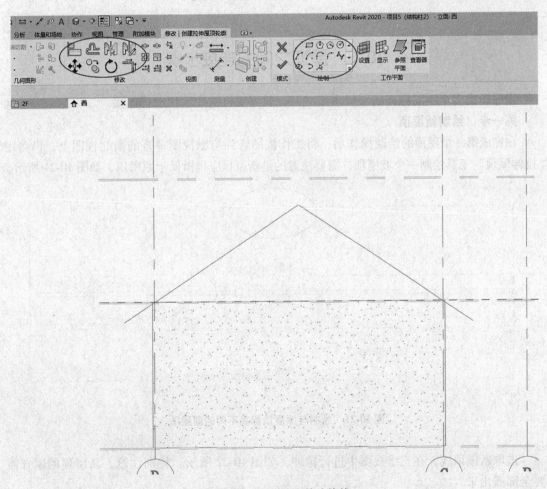

图 10-19　绘制屋顶的边缘线

第三步：调整屋顶和墙

转到三维视图进行墙的附着，具体步骤见 10.2.1 中第六步。点击屋顶，屋顶可以在东西方向进行拉伸和缩短，如图 10-20 所示。

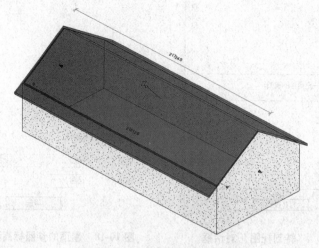

图 10-20　屋顶的手动拉伸和缩短

10.3　屋顶之间的连接步骤

当屋顶由多个不同标高的坡屋顶组成时，就需要将这些屋顶进行连接。

第一步：绘制新屋顶

在完成第一个屋顶的绘制操作后，将工作视图转到与原视图垂直的南北视图上，仍然用"拉伸屋顶"工具绘制一个坡屋顶，需要注意的是新屋顶应稍微低于原屋顶，如图 10-21 所示。

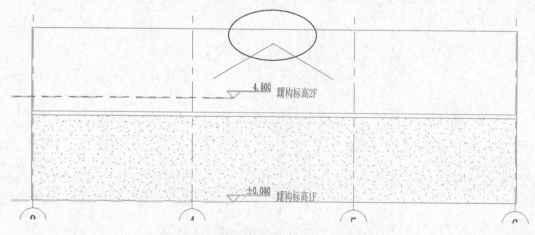

图 10-21　绘制与原屋顶标高不同的新屋顶

选取新屋顶线，在三维视图中进行拉伸，如图 10-22 所示。特别注意，新屋顶的屋脊需要全部露出来。

图 10-22　新屋顶的拉伸

第二步：连接屋顶

　　先选择需要连接的新屋顶，然后在"修改"选择卡"几何图形"面板中，单击"连接 | 取消连接屋顶"按钮，先选择需要连接的新屋顶边线，再选择原屋顶面。选择屋顶边线和选择屋顶面时，软件都会出现蓝色线进行提示，如图 10-23 所示。单击后完成连接，新屋顶与原屋顶之间连接后的效果如图 10-24 所示。

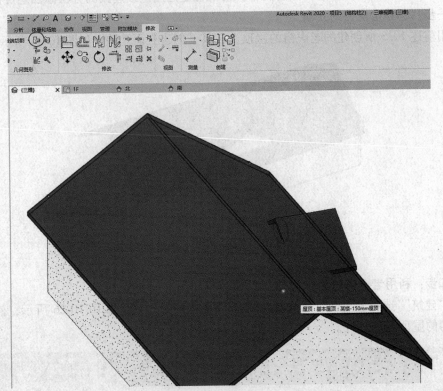

图 10-23　连接新屋顶边线与原屋顶面

图 10-24 屋顶之间连接后的效果

10.4　老虎窗的绘制步骤

绘制老虎窗有两种方法。第一种是在平面视图中直接运用迹线屋顶方法在屋顶面上开洞创建老虎窗，开洞详细步骤见 9.5 的内容；第二种是运用屋顶连接的方法添加老虎窗。

第一步：创建老虎窗的立墙

利用前述 10.3 所创建的老虎窗的屋顶，在其下创建三面立墙，如图 10-25 所示。

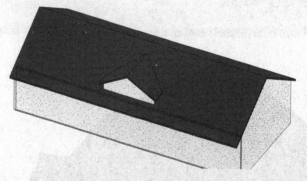

图 10-25　创建老虎窗三面立墙

第二步：利用老虎窗功能开洞口

在"建筑"选项卡"洞口"面板中单击"老虎窗"按钮，如图 10-26 所示，然后选择需要剪切的屋顶。

图 10-26　"老虎窗"按钮

要在屋顶面上剪切出老虎窗洞口，需要在屋顶面上找到闭合线条组成的区域。为了便于在视图中找到老虎窗洞口相应的剪切线，需要在视图控制栏"视觉样式"中选择"线框"，如图 10-27 所示。

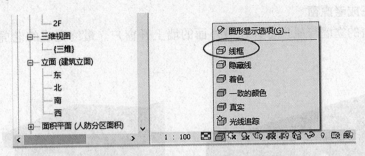

图 10-27　用于显示立墙的各种线条

第三步：剪切老虎窗洞口

在显示的立面墙体各种线条中，选择墙体与屋顶的相交线，再利用"修改"面板中的"修剪丨延伸为角"命令形成一个的封闭区域，需要注意：拾取新屋顶和立墙的边缘线条必须在剪切的原屋顶上，如图 10-28 所示。完成后单击"模式"面板中的"√"。

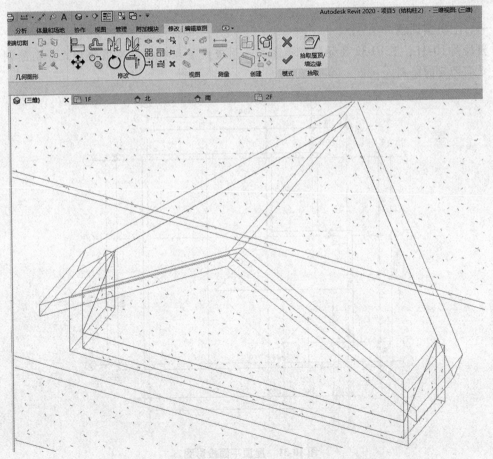

图 10-28　新屋顶及立墙与原屋顶所形成的相交封闭区域

第四步：查看老虎窗洞口的大小和位置

进入三维视图，查看剪切好的老虎窗洞口与屋顶的空间关系，删除多余的辅助墙。老虎窗的洞口效果如图 10-29 所示。

第五步：完成老虎窗

调整老虎窗的立墙与屋顶，并在最外面的墙上开窗户。最终完成的老虎窗整体效果如图10-30 所示。

图 10-29　老虎窗的洞口效果

图 10-30　老虎窗的整体效果

课后练习

一、上机实训题

根据图 10-31、图 10-32 所示绘制屋顶，采用迹线屋顶和拉伸屋顶的形式分别绘制，并比较它们之间的差别。

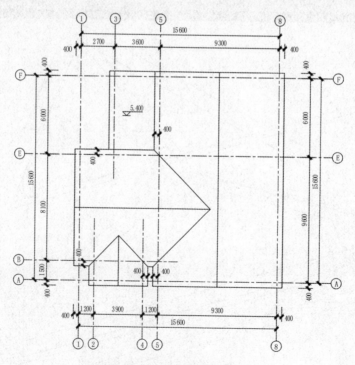

图 10-31　屋顶平面投影图

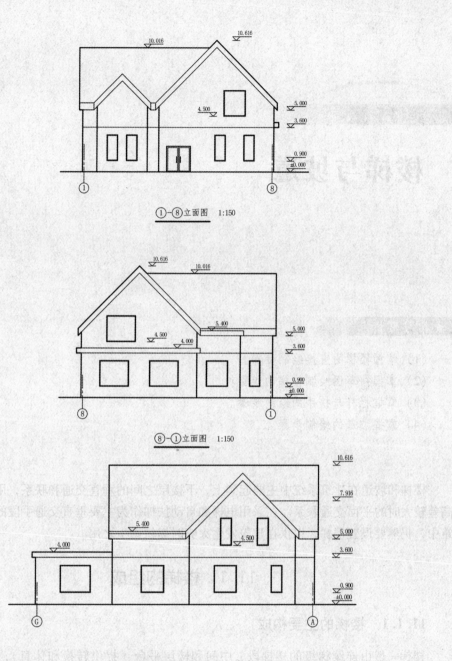

图 10-32　屋顶立面投影图

二、思考题

1. 迹线屋顶和拉伸屋顶两种方法有何区别？

2. 绘制好的屋顶与立墙如何连接？

三、项目综合题

根据本书提供的项目实例图，完成该项目屋顶的模型绘制。

第 11 章

楼梯与坡道

★学习目标

（1）掌握楼梯的直接绘制步骤。

（2）掌握按草图绘制楼梯的步骤。

（3）掌握栏杆与扶手的绘制步骤。

（4）掌握坡道的绘制步骤。

楼梯和坡道在建筑系统中主要起到上、下楼层之间的垂直交通和联系，用于楼层之间和高差较大时的平面交通联系。在采用电梯和自动扶梯作为主要垂直交通手段的多层和高层建筑中，仍然要设置楼梯，以供在建筑发生火灾时提供逃生之用。

11.1 楼梯的组成

11.1.1 楼梯的主要构成

楼梯一般由连续梯级的楼梯段、中间和楼层平台（提供转换和休息），以及围护构件（栏杆扶手）等组成，如图 11-1 所示。

（1）楼梯段。楼梯段又称楼梯跑，是楼梯的主要使用和承重部分，是联系两个标高平台的倾斜构件，通常为板式楼梯，也可以由踏步板和梯段斜梁组成梁板式梯段。为减少人们上、下楼梯时的疲劳和适应人行的习惯，梯段踏步的步数一般不宜超过 18 级，但也不宜少于 3 级，因为梯段步数太多易使人连续疲劳，步数太少则不宜被人察觉。

（2）楼梯平台。楼梯平台指两楼梯段之间的水平板，按平台所处位置和标高不同，有楼层平台和中间平台之分。两楼层之间的平台称为中间平台，由于其主要作用在于让人们在连续上楼时可在平台上稍加休息，故又称休息平台。与楼层地面标高齐平的平台称为楼层平台，除起着与中间平台相同的作用外，还用来分配从楼梯到达各楼层的人流。

（3）栏杆扶手。栏杆扶手是设在梯段及平台边缘的安全设施。当梯段宽度不大时，可以只在梯段临空处设置栏杆扶手；当梯段宽度较大时，非临空面也应加设靠墙扶手；当梯段宽度很大时，则需在梯段中间加设中间扶手。

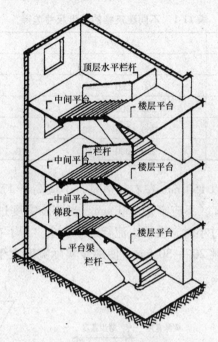

图 11-1　楼梯的构成

11.1.2　楼梯的主要参数

（1）楼梯的坡度。楼梯的坡度是指梯段中各级踏步前缘的假定连线与水平面所成的夹角。楼梯的坡度由踏步高宽比决定。常见的楼梯坡度为 23°～45°，常用 30°左右；公共建筑的楼梯坡度一般为 26°～34°，踏步宽为 300 mm，高度为 150 mm；居住建筑的楼梯坡度一般为 33°～42°，踏步宽为 280 mm，高度为 175 mm；坡度为 60°～90°的楼梯一般称为爬梯，小于 20°一般称为坡道，如图 11-2 所示。

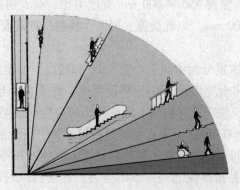

图 11-2　不同坡度下的交通工具选择

（2）踏步尺度。楼梯的坡度在实际应用中均由踏步高宽比决定。踏步的高宽比需根据人流行走的舒适、安全和楼梯间的尺度、面积等因素进行综合权衡。人流量大、安全要求高的楼梯坡度应该平缓一些；反之，则可陡一些，以利于节约楼梯水平投影面积。楼梯踏步的高度和宽度尺寸一般根据经验数据确定，楼梯踏步的最小宽度和最大高度见表 11-1。

表 11-1 不同建筑物的踏步尺寸选择

楼梯类别	最小宽度 b	最大高度 h
住宅公用楼梯	250（260～300）	180（150～175）
幼儿园楼梯	260（260～280）	120（120～150）
医院、疗养院等楼梯	280（300～350）	160（120～150）
学校、办公楼等楼梯	260（280～340）	170（140～160）
剧院、会堂等楼梯	220（300～350）	200（120～150）

对于成人，踏步的高度以 150 mm 左右较适宜，不应高于 175 mm；踏步的宽度（水平投影度）以 300 mm 左右为宜，不应窄于 260 mm。当踏步宽度过大时，将会导致梯段水平投影面积增加；当踏步宽度过小时，会使人流行走不安全。为了在踏步宽度一定的情况下增加行走舒适度，常将踏步出挑 20～30 mm，使踏步实际宽度大于其水平投影宽度。踏步尺寸的参数示意如图 11-3 所示。

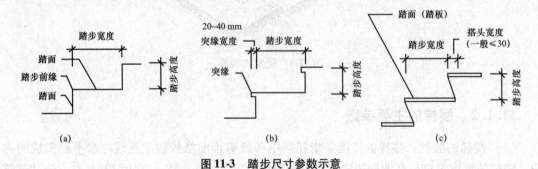

图 11-3 踏步尺寸参数示意
（a）踏面和踢面；（b）踏面出挑；（c）踏面做斜面

（3）梯段尺度。梯段尺度分为梯段宽度和梯段长度。梯段宽度应根据紧急疏散时要求通过的人流股数确定，每股人流按 550～600 mm 宽度考虑，双人通行时为 1 650～1 200 mm，三人通行时为 1 650～1 800 mm，以此类推。同时，梯段尺度需要满足各类建筑设计规范中对梯段宽度的要求。

（4）平台宽度。平台宽度分为中间平台宽度 D_1 和楼层平台宽度 D_2，对于平行和折行多跑等类型的楼梯，其中间平台宽度应不小于梯段宽度，并不得小于 1 200 mm，以保证通行和梯段同股数人流，同时应便于家具搬运。医院建筑还应保证担架在平台处能转向通行，其中间平台宽度应不小于 1 800 mm。对于直行多跑楼梯，其中间平台宽度不宜小于 1 200 mm。楼层平台宽度，则应比中间平台更宽松一些，以利于人流分配和停留。

（5）梯井宽度。梯井是指梯段之间形成的空当，此空当从顶层到底层贯通。在平行多跑楼梯中可无梯井，但为了梯段安装和平台转变缓冲可设梯井。为了安全，楼梯井宽度应以

60～200 mm 为宜。

（6）栏杆扶手尺度。梯段栏杆扶手尺度指踏步前缘线到扶手顶面的垂直距离，其高度根据人体重心高度和楼梯坡度大小等因素确定，一般不应低于 900 mm。靠楼梯井一侧水平扶手超过 500 mm 长度时，其扶手高度不应小于 1 050 mm；供儿童使用的楼梯应在 500～600 mm 高度增设扶手。

（7）楼梯净空高度。为保证人员通行或搬运物件时不受影响，楼梯净空高度在平台处应大于 2 m，在梯段处应大于 2.2 m。

11.2　楼梯的形式

楼梯形式的选择主要取决于所处位置、楼梯间的平面形状与大小、楼层高低与层数、人流多少与缓急等因素，设计时需综合权衡这些因素。

（1）直行单跑楼梯。此种楼梯无中间平台，由于单跑楼梯踏步步数一般不超过 18 级，因此，仅用于层高较低的建筑，如图 11-4 所示。

图 11-4　直行单跑楼梯

（2）直行多跑楼梯。此种楼梯是直行单跑楼梯的延伸，仅增设了中间平台，将单梯段变为多梯段。其一般为双跑梯段，适用于层高较大的建筑，如图 11-5 所示。

（3）平行双跑楼梯。此种楼梯在上完一层楼后刚好回到原起步方位，与楼梯上升的空间回转往复性吻合。当上、下多层楼面时，平行双跑楼梯比直跑楼梯（直行单跑楼梯和直行多跑楼梯）节约交通面积并缩短人流行走距离，是常用的楼梯形式之一，如图 11-6 所示。

（4）平行双分双合楼梯。此种楼梯形式是在平行双跑楼梯基础上演变产生的，其梯段平行而行走方向相反，且第一跑在中部上行，然后其中间平台处往两边以第一跑的 1/2 梯段宽各上一跑到楼层面。其通常在人流多、梯段宽度较大时被采用。由于其造型的对称严谨性，常用作办公类建筑的主要楼梯。平行双合楼梯与平行双分楼梯类似，它们的区别仅在于楼层平台起步第一跑梯段，前者在中而后者在两边。

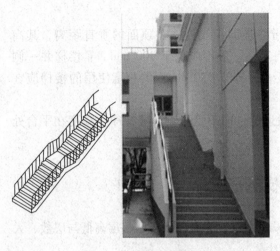

图 11-5　直行多跑楼梯　　　　　　　　　图 11-6　平行双跑楼梯

（5）交叉跑楼梯。交叉跑楼梯可认为由两个直行单跑楼梯交叉并列布置而成，通行的人流量较大，且为上、下楼层的人流提供了两个方向，对空间开敞、楼层人流多方向进入有利，但仅适合层高小的建筑，如图 11-7 所示。

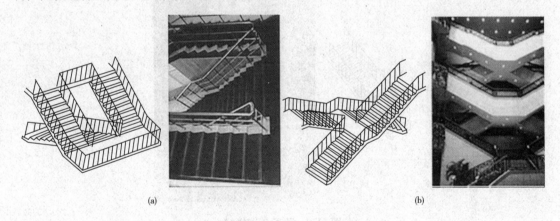

(a)　　　　　　　　　　　　　　　　　　(b)

图 11-7　平行双分双合楼梯和交叉跑楼梯
（a）平行双分双合楼梯；（b）交叉跑楼梯

（6）折行多跑楼梯。此种楼梯人流导向较自由，折角可为 90°，也可大于或小于 90°。当折角大于 90°时，由于其行进方向性类似于直行双跑楼梯，因此，常用于导向性强、仅需上一层楼的影剧院、体育馆等建筑的门厅；当折角小于 90°时，其行进方向回转延续性有所改观，形成三角形楼梯间，可用于上多层楼的建筑中，如图 11-8 所示。

（7）螺旋形楼梯。螺旋形楼梯通常是围绕一根单柱布置，平面呈圆形。其平台和踏步均为扇形平面，踏步内侧宽度很小并形成较陡的坡度，行走时不安全，且构造较复杂。这种楼梯不能作为主要人流交通和疏散楼梯，但由于其流线造型设计，因此，常作为建筑小品布置在庭院或室内，如图 11-9 所示。

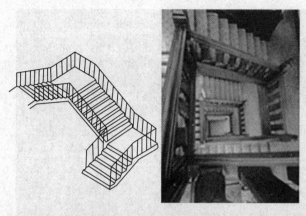

图 11-8　折行多跑楼梯

图 11-9　螺旋形楼梯

11.3　楼梯的绘制

在 Revit 2020 软件中，楼梯的绘制常有直接绘制和按草图绘制两种方式。

11.3.1　楼梯的直接绘制步骤

第一步：选择直接绘制工具

在"建筑"选项卡"楼梯坡道"面板中单击"楼梯"按钮即可开始直接绘制楼梯，如图 11-10 所示。

图 11-10　楼梯的直接绘制工具

第二步：编辑楼梯属性

以实例图中东侧靠近卫生间的楼梯为例，其平面 CAD 图如图 11-11 所示，需要对楼梯属性进行设置。

打开楼梯"属性"面板，将系统默认的"组合楼梯"改选为本书实例的"整体浇筑楼梯"，如图 11-12 所示。

接下来调整"约束"参数，由楼梯大样图可以看到，绘制高度 1F－2F，都向下偏移了 20 mm，在"尺寸标注"下的"所需的踢面数"调整为 13 + 14 = 27，"实际梯面高度"为只读（系统自动计算）166.67 与图纸一致。"实际踏板深度"调整为 260。楼梯尺寸参数的设置如图 11-13 所示。

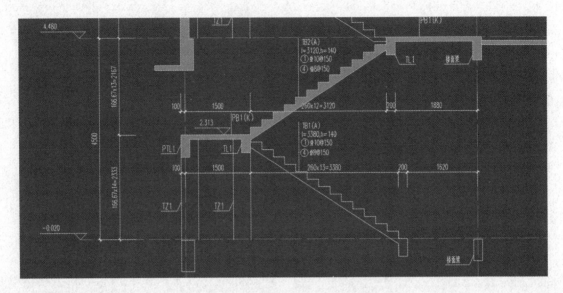

图 11-11

图 11-12 楼梯"属性"类型的改选

图 11-13 楼梯尺寸参数的设置

第三步：调整绘制参数

在进行楼梯绘制之前，还要对定位线和实际梯段宽度进行设定。由于已经导入了楼梯大样图纸，"定位线："选择"梯边梁外侧：右"，"实际梯段宽度"为"1250"，勾选"自动平台"，如图 11-14 所示。

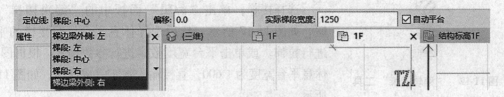

图 11-14 楼梯绘制参数的设置

第四步：布置楼梯

首先，沿着楼梯大样图，从楼梯外侧进行绘制，在完成第一个梯段（14 级）后单击鼠标左键确定；然后，鼠标光标直接平移到楼梯左侧，进行第二个梯段（13 级）的绘制。最后单击"模式"面板中的"√"按钮完成编辑。此时系统会弹出提示警告，如图 11-15 所示，这是由于图 11-16 所示楼梯的栏杆转角太小导致不连续造成的。

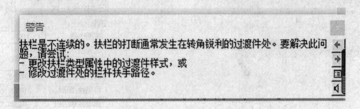

图 11-15 栏杆转角太小出现的警告界面

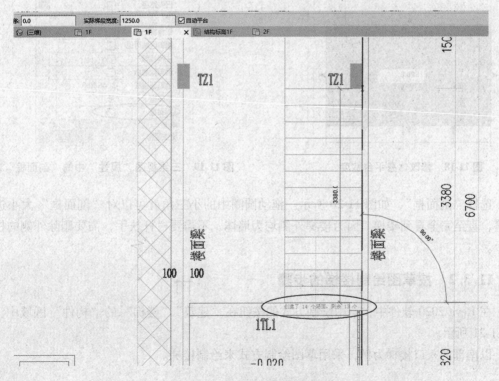

图 11-16 楼梯的栏杆转角

图 11-17 "编辑楼梯"工具

第五步：调整楼梯的休息平台

选择楼梯，单击"编辑"面板中的"编辑楼梯"按钮，如图 11-17 所示。然后选择休息平台，对楼梯的平台进行拉伸。或单击平台宽度数字进行参数输入。根据图纸，休息平台宽度为 1 600，直接输入数字完成操作，如图 11-18 所示。

第六步：三维查看楼梯效果

在三维视图中检查楼梯，比较好的方法是应用"剖面框"工具，在三维视图中的"属性"面板下"范围"中勾选"剖面框"，如图 11-19 所示。

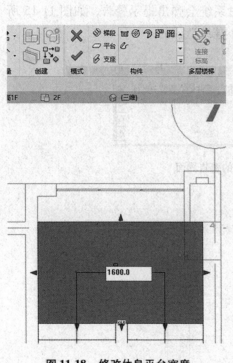

图 11-18 修改休息平台宽度

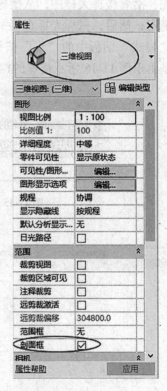

图 11-19 三维视图"属性"中的"剖面框"功能

选择"剖面框"，如图 11-20 所示。拖动圆圈中的小三角就可以对"剖面框"大小进行调整，直至完全看到楼梯。因为楼梯外侧均为墙体，不需要栏杆扶手，需要删除外侧的栏杆扶手。

11.3.2 按草图绘制楼梯的步骤

在 Revit 2020 软件中，草图绘制方式的按钮在"建筑""楼梯"的"构件"区域中，如图 11-21 所示。

以南部的入口楼梯为例，采用草图绘制方式来绘制楼梯。

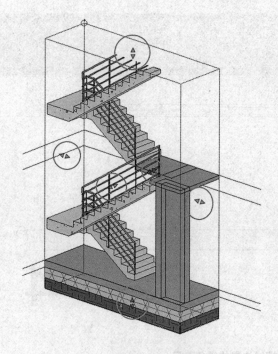

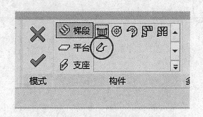

图 11-20　"剖面框"中的楼梯三维效果　　　图 11-21　草图绘制楼梯工具

第一步：编辑楼梯属性

与直接绘制楼梯方式的步骤相同，在进行草图绘制楼梯之前需对楼梯属性进行编辑。如图 11-22 所示，打开"属性"面板，对楼梯属性进行设置：楼梯类型选用"整体浇筑楼梯"；楼梯的"底部标高"为 1F；"底部偏移"为 −300.0；"顶部标高"为 1F；"顶部偏移"为 −15。对于草图绘制的楼梯，不需要设定踏板的深度和楼梯的宽度，这些参数是直接绘制出来的。

第二步：用草图绘制楼梯

草图绘制楼梯由两个主要部分组成：边界和踢面。边界就是楼梯两边的位置，图 11-23 中，绘制出来是绿色的线条；踢面就是楼梯的踢面，图中是黑色的线条。由于实例图只有 1 个踢面，所以只绘制了 2 条线，形成了 1 个踢面，如果有多个踢面需要绘制多条踢面线。而边界线通常只有 2 条，需要注意的是，踢面和边界构成了一个闭合的区域，完成后单击"修改 | 创建楼梯 > 绘制梯段"上下文选项卡"模式"面板中的"√"。

第三步：选择楼梯的方向

因为实例图是从南往北向上的楼梯，图 11-24 中的箭头代表从上往下的方向，正好与图纸是相反的，使用"修改 | 创建楼梯"上下文选项卡"工具"面板中的"翻转"命令，完成楼梯方向的翻转。

图 11-22　楼梯的属性参数设置

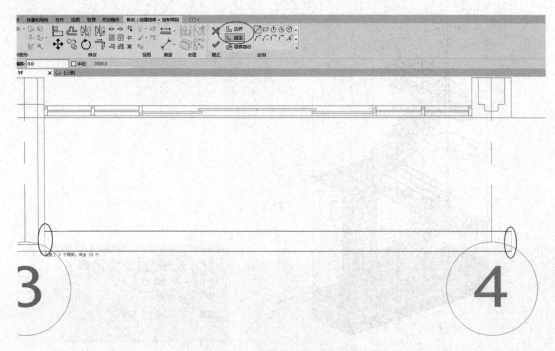

图 11-23　楼梯边界的绿色显示

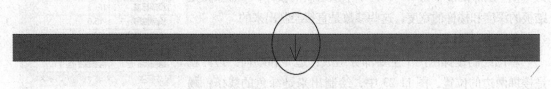

图 11-24　楼梯从上往下的指示箭头

第四步：绘制楼梯的休息平台

单击"构件"面板中的"平台"按钮，仍然用草图方式进行绘制，如图 11-25 所示。

如同绘制楼板一样在区域内绘制一个矩形，完成后单击"模式"面板中的"√"。

第五步：调整及三维查看楼梯

回到三维视图，如图 11-26 所示。单击楼梯，删除多余的栏杆扶手。查看标高是否与图纸一致。

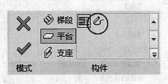

图 11-25　楼梯的草图绘制方式选择

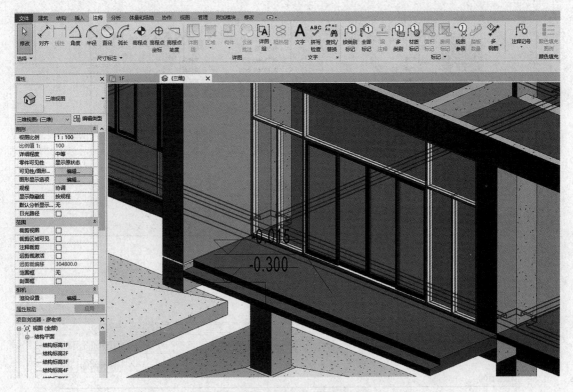

图 11-26　楼梯的三维效果图

11.4　杠杆与扶手的绘制步骤

第一步：载入栏杆扶手族

完成楼梯的绘制后，系统会自动生成栏杆扶手，默认为"栏杆扶手900mm圆管"。用户可以从"属性"面板的下拉列表中选择其他扶手替换。如果没有所需的栏杆，可以通过"载入族"的方式载入所需类型，如图11-27所示。

选择"栏杆扶手"后，单击"属性"面板中的"编辑类型"按钮，系统弹出"类型属性"对话框，如图11-28所示，红色框内标注部分可以用来新增扶手。

在"类型参数"的"构造"下单击"扶栏结构（非连续）"后的"编辑"按钮，系统弹出图11-29所示的"编辑扶手（非连续）"对话框。在该对话框中可插入新扶栏，然后设置它的"名称""高度""偏移""轮廓"和"材质"。其中，扶栏的"轮廓"可以通过"轮廓族"载入。

在"类型参数"的"构造"下单击"栏杆位置"后的"编辑"按钮，系统弹出图11-30所示的"编辑栏杆位置"对话框。将"栏杆族"设置为"玻璃：800"；"底部"设置为主体；"顶部"设置为顶部扶栏；"相对前一栏杆的距离"设置为"400.0"。

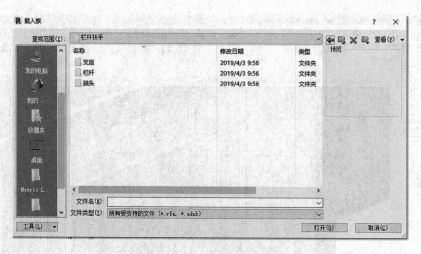

图 11-27　栏杆扶手的可载入族

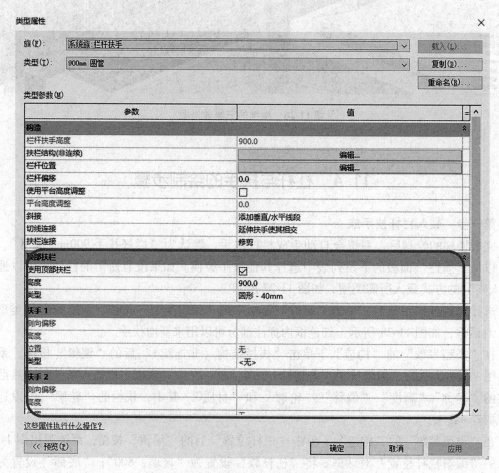

图 11-28　栏杆扶手的"类型属性"面板

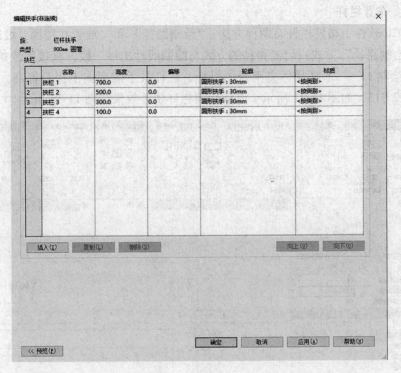

图 11-29 "编辑扶手"对话框

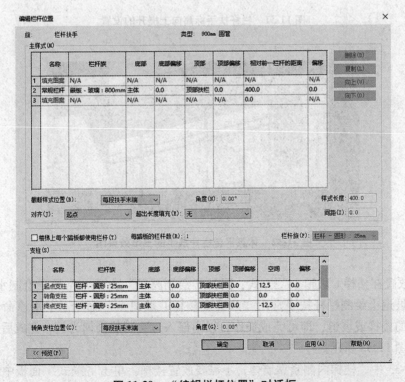

图 11-30 "编辑栏杆位置"对话框

第二步：布置栏杆

Revit 2020 软件中布置栏杆有两种方法，"绘制路径"和"放置在楼梯 | 坡道上"。

（1）"绘制路径"方式：绘制路径的方式与绘制线性构件一致，直接用线条绘制。根据图纸，需要绘制 1F ～ 2F 楼梯休息平台的栏杆，栏杆扶手需要向上提升标高，将"底部偏移"设置为 2 313，如图 11-31 所示。完成后的栏杆扶手效果如图 11-32 所示。

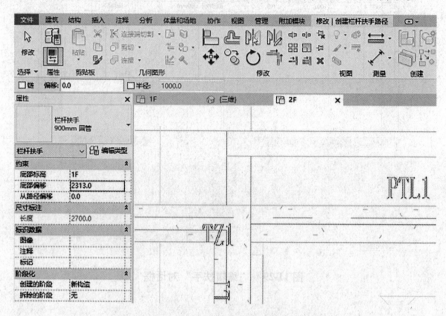

图 11-31　栏杆扶手标高向上提升的设置

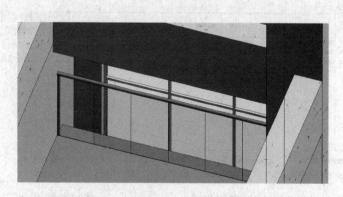

图 11-32　休息平台栏杆扶手的三维效果图

（2）"放置在楼梯 | 坡道上"方式：因为"绘制路径"方式常常用于绘制水平的栏杆，而在楼梯和坡道上绘制栏杆扶手常用"放置在楼梯 | 坡道上"命令。单击该命令，然后选择需要放置的楼梯或坡道，即可完成操作，以南部入口绘制的楼梯为例，完成后的栏杆扶手三维效果如图 11-33 所示。

在图 11-33 中，楼梯内侧紧靠墙体，不需要放置楼梯。单击"模式"面板中的"编辑路径"，删除大门入口处及左边靠墙的栏杆，三维效果如图 11-34 所示。

图 11-33　直接放置楼梯栏杆扶手的三维效果图

图 11-34　删除不需要栏杆扶手后的三维效果图

小技巧：编辑弧形楼梯。

在"绘制"面板中单击"踢面"按钮，选择"起点 - 终点 - 半径弧"命令，单击捕捉第一跑梯段最右端的踢面线端点，再捕捉弧线中间一个端点绘制一段圆弧。选择圆弧踢面的端点作为复制的基点，水平向左移动鼠标，在直线踢面的端点处单击放置圆弧踢面，如图 11-35 所示，弧形楼梯的三维效果如图 11-36 所示。

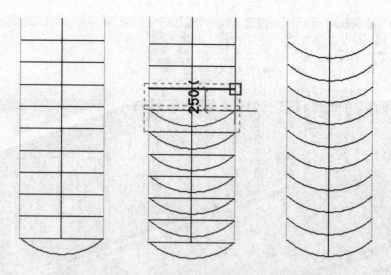

图 11-35　选择"起点－终点－半径弧"命令绘制楼梯

图 11-36　弧形楼梯的三维效果图

11.5　坡道的绘制步骤

绘制坡道有两种方法：应用"梯段"工具直接绘制；应用"边界"和"踢面"工具共同绘制。在"建筑"选项卡的"楼梯坡道"面板中单击"坡道"按钮，在弹出的"修改｜创建坡道草图"上下文选项卡"绘制"面板中有"梯段""边界"和"踢面"三个工具。

因为"边界""踢面"的组合绘制方法与楼梯绘制方法类似，本书不再重复。以下为运用"梯段"工具绘制实例图中南部入口坡道的步骤。

第一步：编辑坡道属性

首先，在"建筑"选项卡的"楼梯坡道"面板中单击"坡道"按钮，在"属性"面板中编辑标高，如图 11-37 所示，"底部标高"为"1F"，底部偏移为"－300"，"顶部标高"

为 1F，顶部偏移为"-15"。"宽度"为"1 500"。

　　第二步：绘制坡道

　　直接在坡道位置上，利用"移动""对齐"等命令进行精确布置。如图 11-38 所示。

图 11-37　坡道属性设置

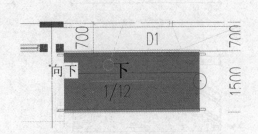

图 11-38　坡道布置

　　小技巧：单击图中红色的圈可以更改坡道向下的方向。

　　第三步：三维进行查看

　　在"属性"面板中单击"编辑类型"按钮，在弹出的"类型属性"对话框的"类型参数"中将"构造"的"造型"选为"实体"，可以将坡道从原来的结构板变为实体，如图 11-39 所示。

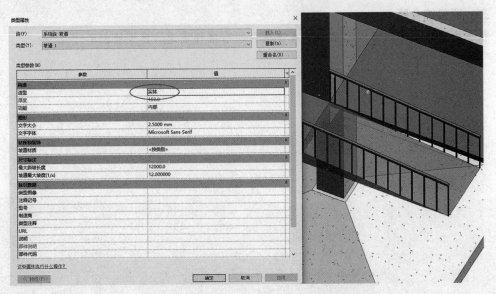

图 11-39　将坡道从楼板变更为实体的设置

课后练习

一、上机实训题

根据图 11-40 所示绘制楼梯和栏杆扶手实例，栏杆扶手的材质和尺寸不做要求，其中的详图标注均为中心位置。

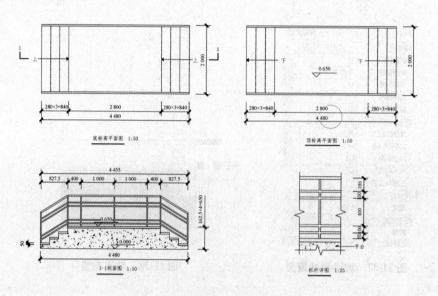

图 11-40　楼梯和栏杆扶手的尺寸

二、思考题

1. 简述"剖面框"的作用与使用范围。

2. 将坡道从原来的结构板变为实体后，坡道实体与原楼板有何不同？

三、项目综合题

根据本书提供的项目实例图，完成该项目所有楼梯坡道的模型绘制。

第 12 章

门、窗和玻璃幕墙

★学习目标

（1）掌握门的绘制步骤。
（2）掌握窗的绘制步骤。
（3）掌握玻璃幕墙的绘制步骤。

门在建筑系统中的作用是在空间分隔的房间内外提供出入的通道。门的构造主要由门樘和门扇两个部分组成。门樘又称为门框。门框与墙之间的缝隙常用木条盖缝，称为门头线。窗在建筑系统中的作用是采光和通风。在 Revit 2020 软件中，需要特别注意的是门和窗完全依托墙体存在。墙体如果被删掉，则墙上的门和窗都会附带被自动删除。幕墙是一种附着在建筑结构上，不承担建筑楼板或屋顶荷载的外墙。幕墙由幕墙网格、竖梃和幕墙嵌板组成。

12.1 门的种类

门按其开启方式通常可以分为平开门、弹簧门、推拉门、折叠门、转门等，如图 12-1 所示。

（1）平开门。水平开启的门，它的铰链装于门扇的一侧与门框相连，使门扇围绕铰链转动，如图 12-2 所示。平开门的门扇有单扇和双扇、向内开和向外开之分。平开门构造简单，开关灵活，易于维修，是建筑中最常见和使用最广泛的门。

（2）弹簧门。门扇装设弹簧铰链，能自动关闭，开关灵活、使用方便，适用于人流频繁或要求自动关闭的场所。弹簧门有单面、双面及地弹簧门之分。常用的弹簧铰链有单面弹簧、双面弹簧、地弹簧等。弹簧门使用方便，美观大方，广泛应用于商店、学校、医院、办公和商业大厦，如图 12-3 所示。为避免人流冲撞，门扇或门扇上部应镶嵌安全玻璃。

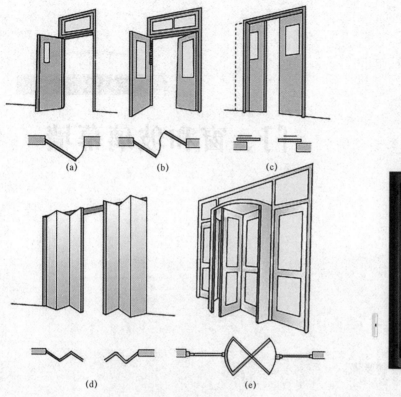

图 12-1　各种开启方式的门

（a）平开门；（b）弹簧门；（c）推拉门；（d）折叠门（e）转门

图 12-2　平开门

图 12-3　弹簧门

（3）推拉门。推拉门的门扇在轨道上左右水平滑行或上下滑行，开启时不占室内空间，受力合理，不易变形，但构造复杂，难以关闭严密，五金零件数量多。推拉门在民用建筑中使用较为广泛，一般采用轻便推拉门分割内部空间，如图 12-4 所示。

图 12-4　推拉门

（4）折叠门。折叠门的门扇可以相互折叠，以减少占用空间，分为侧挂式折叠门和推拉式折叠门两种，如图 12-5 所示。折叠门由多扇门构成，每扇门的宽度为 500 ～ 1 000 mm，一般以 600 mm 为宜，适用于宽度较大的洞口。侧挂式折叠门与普通平开门相似，只是其门扇之间用铰链相连而成。当用铰链时，其一般只能挂两扇门，不适用于宽大的洞口。

图 12-5　折叠门

（5）转门。转门是由两个固定的弧形门套和垂直旋转的门扇构成的。其特点是对隔绝室内外气流有一定作用，但构造复杂，造价昂贵，多见于标准较高的、设有集中空调或采暖的公共建筑的外门，如图 12-6 所示。其门扇可分为三扇或四扇，绕竖轴旋转。转门对隔绝室外气流有一定作用，可作为寒冷地区公共建筑的外门，但不能作为疏散门。当将转门设置在疏散口时，需在其两旁另设疏散用门。转门的高度：单扇门为 700 ～ 1 000 mm，双扇门为 1 200 ～ 1 800 mm。宽度在 2 100 mm 以上时多做成三扇门、四扇门或双扇带固定扇的门。这是因为门扇过宽易产生翘曲变形，同时也不利于开启。辅助房间（如浴厕、储藏室等）门的宽度可窄些，一般为 700 ～ 800 mm。为了使用方便，一般民用建筑门（木门、铝合金门和塑料门）均编制成标准图，在图上注明类型及有关尺寸，设计时可按需要直接选用。

图 12-6　转门

12.2　门的绘制步骤

第一步：载入相应的门族

使用"门"工具可以方便地在项目中添加任意形式的门。在 Revit 2020 软件中，门构件与墙不同，门图元属于载入族，在添加门之前必须在项目中载入所需的门族，然后才能在"门"工具中使用。门是附着在墙上的。书中实例图的 1F 平面视图中，在"建筑"选项卡下"构建"面板中单击"门"按钮，然后，在弹出的"修改 | 放置 门"选项卡中单击"模式"面板中的"载入族"按钮，系统弹出"载入族"对话框，如图 12-7 所示，选择"China/建筑/门/普通门/平开门/双扇"中的"双面嵌板格栅门 2. rfa"族文件。

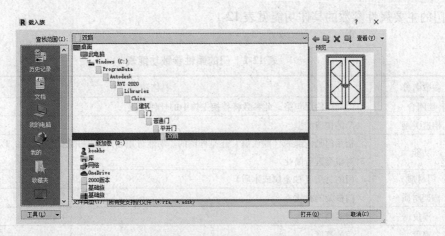

图 12-7　载入门族

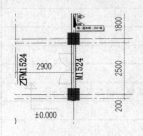

图 12-8　门 M1524

第二步：调整门的属性参数

以实例图纸的门 M1524 为例（图 12-8）讲解门的参数调整过程。

在"建筑"选项卡"构建"面板中，单击"门"按钮。然后在"属性"面板中，单击"编辑类型"按钮，系统弹出"类型属性"对话框，在弹出的"类型属性"对话框中点击"复制"按钮，系统弹出"名称"对话框，将"名称"命名为"M1524"。在打开的对话框中，将"尺寸标注"下的"高度"尺寸更改为"2100.0"，"宽度"更改为"1500.0"，如图 12-9 所示。

图 12-9　门的属性参数

门的主要属性参数的具体功能见表 12-1。

表 12-1　门的属性参数功能表

参数名称	具体功能
墙闭合	门周围的层包络。此参数将替换主体中的任何设置
构造类型	门的构造类型
功能	指示门是内部的（默认值）还是外部的。功能可用在计划中并创建过滤器，以便在导出模型时对模型进行简化
门材质	门的材质（如金属或木质）
框架材质	门框架的材质
厚度	门的厚度
高度	门的高度
贴面投影外部	外部贴面投影
贴面投影内部	内部贴面投影
贴面宽度	门贴面的宽度
宽度	门的宽度
粗略宽度	可以生成明细表或导出
粗略高度	可以生成明细表或导出
注释记号	添加或编辑门注释记号。在值框中单击，打开"注释记号"对话框。请参见注释记号
模型	门的模型类型的名称
制造商	门的制造商名称
类型注释	关于门类型的注释。此信息可显示在明细表中
URL	设置到制造商网页的链接
说明	提供门说明
部件说明	基于所选部件代码的部件说明
部件代码	从层级列表中选择的统一格式部件代码
类型标记	此值指定特定的门类型。对于项目中的每个门类型，此值必须是唯一的。如果此值已被使用，Revit 会发出警告信息，但允许继续使用它
防火等级	门的防火等级

第三步：放置门到墙上

因为门是附着在墙上的，所以，需要将门放置到相应的墙上。放置门之前可以设定放置时的标注：单击图 12-10 "修改 | 放置 门"上下文选项卡"标记"面板中的"在放置时进行标记"按钮，然后在"修改 | 放置 门"选项栏中修改标注的位置，选择"水平"标注，以及通过勾选"引线"确定标注时添加引线。

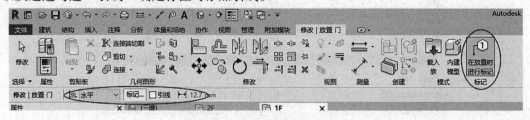

图 12-10　放置门时的标注设计

第四步：更改门的标记

在复制门时，虽然名称定义为"M1524"，但是系统显示时会以门的"类型标记"为标记，而不会以门的"名称"为标记。所以此时显示的标记不是 M1524，而是复制前门的"类型"。需要对门的标注进行修改。在 Revit 2020 软件中不能直接点击标注进行修改，因为这种修改会影响许多图元，系统会提示图 12-11 所示的警告。

更改门的标注需要在"修改|门标记"上下文选项卡"模式"面板中单击"编辑族"按钮重新编辑标记的族，如图 12-12 所示。

图 12-11　直接修改门标注的警告提示　　　　　图 12-12　编辑门族的工具选项

进入如图 12-13 所示。然后单击图中的"1t"。在"修改|标签"上下文选项卡"标签"面板中单击"编辑标签"按钮。

在弹出如图 12-14 所示的"编辑标签"对话框中，选择"类型名称"，单击绿色箭头将其移动进右侧的"标签参数"，用红色的箭头移除原来的"类型标记"，完成后单击"确定"按钮。

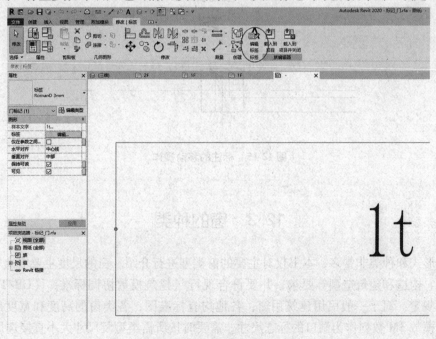

图 12-13　编辑标签的工具选项

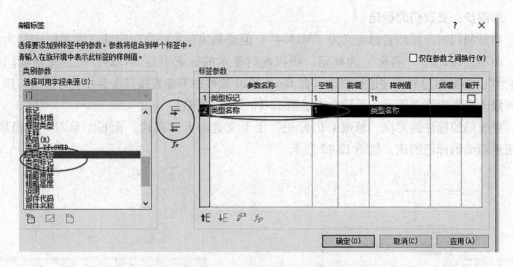

图 12-14　"编辑标签"对话框

单击"族编辑器"中的"载入到项目并关闭",覆盖原来的族,门的类型名称就可以正确的显示,如图 12-15 所示。点击圆圈中的位置移动符号,就可以将标注拖动到需要的位置上。

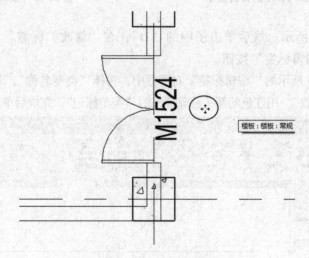

图 12-15　标注的移动操作

12.3　窗的种类

窗的形式和种类非常多,本书仅对主要的窗类型进行介绍。窗的尺度主要取决于房间的采光通风、构造和建筑造型等要求,并要符合现行《建筑模数协调标准》(GB/T 50002—2013)的规定。对于一般民用建筑用窗,各地均有标准图,各类窗的高度和宽度尺寸通常采用扩大模数 3M 数列作为洞口的标志尺寸,需要时按所需类型及尺寸大小直接选用。

（1）平开窗。平开窗的铰链安装在窗扇一侧与窗框相连，向外或向内水平开启，如图 12-16 所示。平开窗有单扇、双扇、多扇及向内开与向外开之分。平开窗构造简单，开启灵活，制作、维修均方便，是民用建筑中使用最广泛的窗。

（2）推拉窗。推拉窗的窗扇沿导轨或滑槽滑动，可以分为水平推拉窗和垂直推拉窗两种。推拉窗开启时不占空间，窗扇受力状态好，适用于安装大玻璃。推拉窗通常采用金属及塑料窗框，如图 12-17 所示。木窗框构造复杂，窗扇难密闭，故一般用作递物窗，很少用作外窗。

（3）固定窗。无窗扇、不能开启的窗称为固定窗，如图 12-18 所示。固定窗的玻璃直接嵌固在窗框上，可用于采光和眺望，但不能通风。固定窗构造简单，密封性好，多与亮子和开启窗配合使用。

图 12-16　平开窗

图 12-17　推拉窗

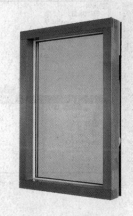

图 12-18　固定窗

（4）悬窗。悬窗的窗扇沿上边框或下边框打开，如图 12-19 所示。上悬窗铰链安装在窗扇的上边，一般向外开，防晒好。下悬窗铰链安装在窗扇的下边，一般向外开，通风较好，但不防晒，不宜用作外窗，一般用于内门上的亮子。

上悬窗

下悬窗

图 12-19　悬窗

12.4　窗的绘制步骤

在 Revit 软件中，窗是基于主体的构件，可以添加到任何类型的墙内（对于天窗，可以添加到内建屋顶），可以在平面视图、剖面视图、立面视图或三维视图中添加窗。首先选择窗的类型，然后指定窗在主体图元上的位置，Revit 将自动剪切洞口并放置窗。

第一步：载入窗族

在 F1 平面视图中，切换至"建筑"选项卡，单击"构建"面板中的"窗"按钮，在打开的"修改 | 放置 窗"上下文选项卡"模式"面板中单击"载入族"按钮，系统弹出"载入族"对话框，选择"China/建筑/窗/普通窗/平开窗"下的双扇平开 – 带贴面 . rfa，如图 12-20 所示。

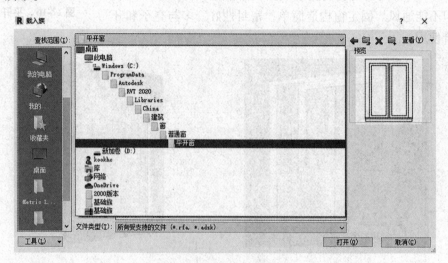

图 12-20　可载入的窗族

第二步：更改窗类型参数

根据图纸复制窗，命名为 LTC1015，如图 12-21 所示调整窗的尺寸，将"高度"设置为"1 500.0"，"宽度"设置为"1 000.0"。

第三步：放置窗

如同放置门一样，窗也需要放置在墙上。与门不同的是，门一般情况下是直接放置在地面标高上的，而窗放置在墙上有一定的高度。查看图纸发现 LTC1050 距离地面高 950，在"属性"面板中更改放置高度，如图 12-22 所示。然后选择点击放置的位置。

第四步：窗的标记

同门的标注方法类似，在放置窗时可以单击"修改 | 放置窗"上下文选项卡"标记"面板中的"在放置时进行标记"按钮；如果标记的名称不正确，需要对窗的标记族进行调整。完成两扇窗的绘制，如图 12-23 所示。

小技巧：在绘制门和窗时，它们的标注并非必须同时进行。可以通过单击"在放置时进行标记"取消同时标注功能，在后期利用"全部标记"功能统一完成。

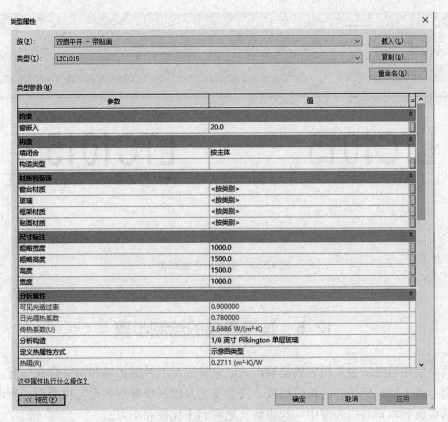

图 12-21　窗的尺寸设置

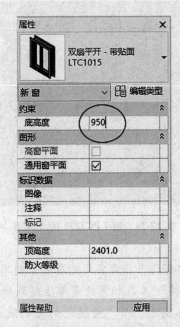

图 12-22　窗的放置高度

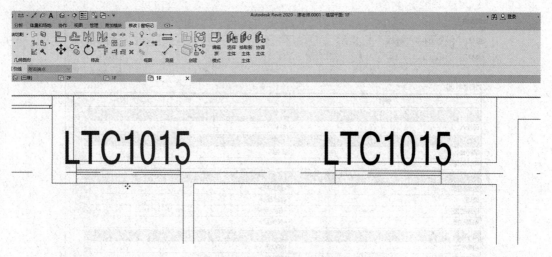

图 12-23　窗的标记族调整

12.5　玻璃幕墙的绘制步骤

现代高层建筑经常会采用玻璃幕墙形式。它将建筑的外围护墙和窗结合在一起。虽然幕墙在类别上属于墙，但是它的构造组成、安装工艺及绘制步骤更多地与窗类似。所以，本书将玻璃幕墙放到本章与门和窗中一起讲解，更有利于比较和学习。

以书中实例图的窗 LPC1221 为例，如图 12-24 所示，本书采用幕墙方式进行绘制。

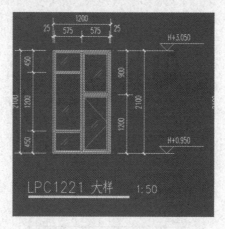

图 12-24　窗 LPC1221 的大样图

小技巧：在右键快捷菜单中有几个非常实用的幕墙分割工具，如嵌板、网格和竖梃，如图 12-25 所示。"竖梃"与"网格"工具相同的是都能起到分割幕墙的作用，它们最大的区别是"网格"的分割线不是实体图元，而"竖梃"的分割线是实体图元。绘制幕墙的最佳方式是通过"幕墙网格"来分割幕墙单元，使每个单元成为独立的嵌板。这样，每块嵌板都可以通过改变类型来满足不同的建模要求。例如，将原来默认的玻璃改为可以打开的窗；

或者直接改为实体，从而可以编辑实体材质；也可以改为单元为"空"。

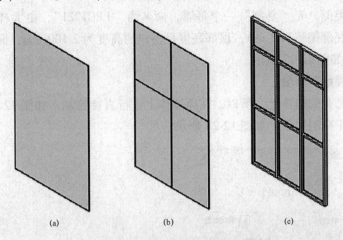

(a)   (b)   (c)

图 12-25 分割幕墙的三种实用工具
（a）幕墙嵌板 （b）幕墙网格 （c）幕墙竖梃

第一步：编辑幕墙的属性

绘制幕墙前，需要对幕墙的相关属性进行编辑。在"属性"面板中单击"编辑类型"按钮，系统弹出图 12-26 所示的"类型属性"对话框。在对话框中主要设置"构造""垂直网格""水平网格""垂直竖梃"和"水平竖梃"几大参数。"复制"和"重命名"的使用方式与其他构件一致，可用于创建新的幕墙及对幕墙进行重命名。勾选"自动嵌入"后会在原有的墙上开洞，如同在墙上绘制窗一样。

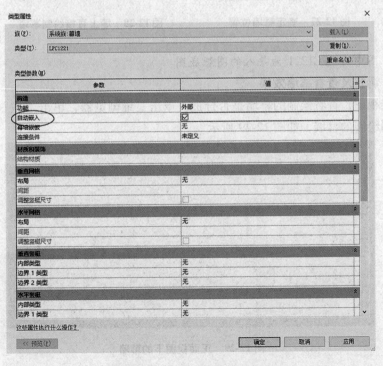

图 12-26 幕墙的属性参数面板

第二步：确定幕墙位置

与窗的操作类似，先"复制"一个幕墙，命名为"LPC1221"，由大样图可知，这里需要确定标高为：底部偏移 950 mm，顶部高度是窗户的高度为 2 100 mm，而不是系统自动给定的 3 050 mm，如图 12-27 所示。

第三步：直接绘制幕墙

由于是嵌入已有的墙体上，所以，在原墙体上进行直接绘制，如图 12-28 所示。绘制完成后会出现类似于窗的线条，如图 12-28 所示。

图 12-27　确定幕墙位置

图 12-28　墙上直接绘制幕墙

小技巧：图中的 LPC1221 为导入的图纸底图。

第四步：调整及查看幕墙效果

转到三维视图，查看绘制的幕墙是否合适。单击三维浏览器，单击"左"，转到正面视图，可以看到绘制的幕墙，如图 12-29 所示。

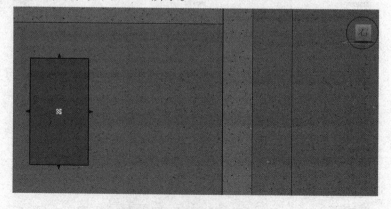

图 12-29　正面视图下的幕墙

第五步：布置幕墙网格线

首先，在"建筑"选项卡"构建"面板中，单击"幕墙网格"按钮。然后，在弹出的"修改 | 放置 幕墙网格"上下文选项卡"放置"面板中选择"放置"方式为"全部分段""一段"或"除拾取外的全部"，如图 12-30 所示。

图 12-30　幕墙的放置方式

单击"全部分段"按钮，然后根据大样图进行网格辅助线的绘制。在靠近上下部位的时候可以绘制垂直的网格，靠近左右部位的时候绘制水平的网格。绘制完成的辅助网格线还可以通过单击"修改 | 幕墙网格"上下文选项卡"幕墙网格"面板中的"添加/删除线段"按钮进行消除，如图 12-31 所示。

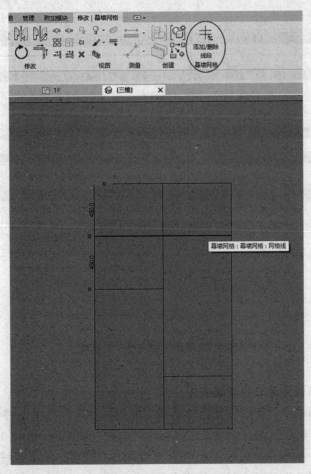

图 12-31　幕墙网格线的布置

第六步：添加竖梃

在"建筑"选项卡的"构建"面板中单击"竖梃"按钮（图 12-30）。在弹出如图 12-32 所示的"修改 | 放置 竖梃"上下文选项卡"放置"面板中，选择相应的放置命令，在已经完成的幕墙网格线中拾取相应的网格线，使其成为"竖梃"。

图 12-32 "放置"面板

第七步：调整竖梃的宽度

选择需要调整的竖梃，在"属性"面板中单击"编辑类型"按钮，系统弹出图 12-33 所示的"类型属性"对话框。添加的竖梃为 25 mm，将"类型"选择为"25 mm 正方形"的竖梃。在对话框的"尺寸标注"内可以更改竖梃尺寸。需要注意：此处的"边 2 上的宽度"和"边 1 上的宽度"是尺寸是竖梃的一半，更改为 12.5 mm。

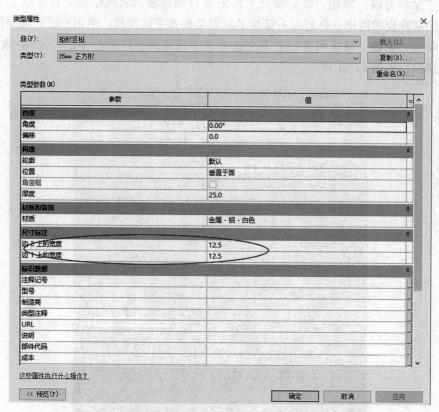

图 12-33 "类型属性"对话框

第八步：更改和调整幕墙的玻璃嵌板

在绘制完成的幕墙中，将鼠标光标放到幕墙嵌板的边缘，先单击键盘上的 TAB 键切换到蓝色区域遍布整个嵌板区域，然后单击鼠标左键选择玻璃嵌板，如图 12-34 所示。

可以在"属性"面板中对玻璃嵌板进行类型和参数调整。如果系统没有预先载入门窗嵌板，则需要在"插入"选项卡的"从库中载入"面板中，单击"载入族"按钮，选择所需的"建筑"→"幕墙"→"门窗嵌板"，如图 12-35 所示。

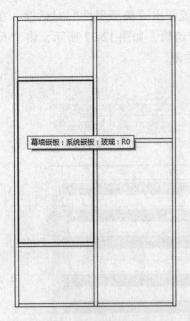

图 12-34　幕墙玻璃面板的选择

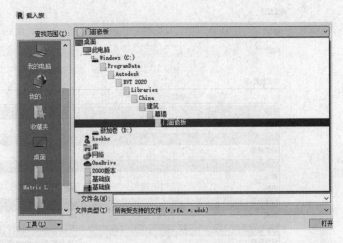

图 12-35　载入"门窗嵌板"

载入"门窗嵌板"后，可以在"属性"面板对其进行修改。图 12-36 所示的圆圈部分是载入的门窗嵌板类型。

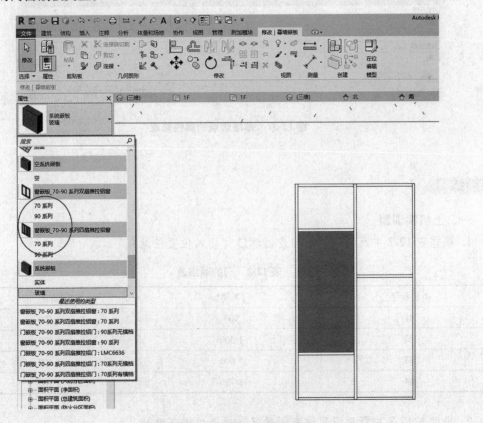

图 12-36　门窗嵌板的属性修改

同理，单击"属性"面板中的"编辑类型"按钮，系统弹出"类型属性"对话框，在"属性类型"对话框中可以对载入的幕墙族对玻璃厚度进行编辑，如图 12-37 所示，将"尺寸标注"的"厚度"设定为"30"，完成后单击"确定"按钮。

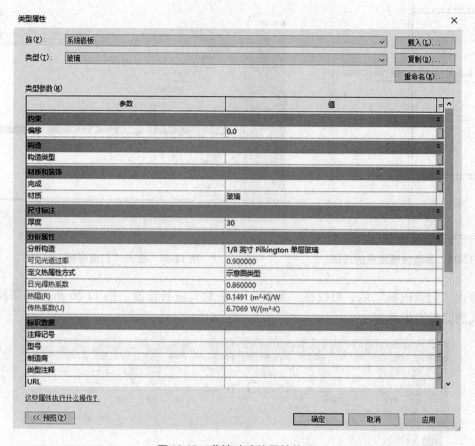

图 12-37 幕墙玻璃的属性修改

课后练习

一、上机实训题

1. 根据表 12-2 中所列门的明细表创建门（插入位置任意）。

表 12-2 门的明细表

类型标记	宽度	高度
M1	900	2 100
M2	1 500	2 400
M3	3 600	2 400
M4	1 750	2 100

2. 根据表 12-3 中所列窗明细表创建窗（插入位置任意）。

表 12-3　窗的明细表

类型标记	宽度	高度
C1	3 000	2 000
C2	900	1 800
C3	4 500	2 600

3. 根据图 12-38 所示绘制嵌入墙体的幕墙，墙体高度设定为未连接 8 000。

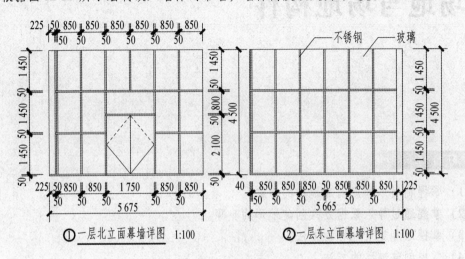

① 一层北立面幕墙详图　1:100　　　　② 一层东立面幕墙详图　1:100

图 12-38　幕墙尺寸图

二、思考题

1. 同样是墙上的门和窗，它们在具体放置时有何区别？
2. 竖梃与网格线的区别是什么？

三、项目综合题

根据本书提供的项目实例图，完成该项目所有门窗和幕墙的模型绘制。

第 13 章

场地与场地构件

★ 学习目标

（1）掌握利用添加点创建地形的步骤。
（2）掌握通过导入数据方式创建地形的步骤。
（3）掌握添加建筑地坪的方法。
（4）掌握创建道路的方法。
（5）掌握添加场地构件的步骤。

在 Revit 2020 软件中，提供了从地形表面、建筑地坪、建筑红线、停车场到场地构件等多种创建工具，可以为项目创建场地三维模型。通过建筑与地形及周边环境的结合布局，形成的三维模型可以直观清晰地表达出建筑与场地及周边环境之间的空间关系，以此来优化和完成项目场地布置。

地形表面是场地设计的基础。使用地形表面工具可以为项目创建地形表面模型，Revit 2020 软件有两种创建地形表面的方法。其中一种是通过放置点的方式生成地形表面，另一种是通过导入数据的方式创建地形表面。

13.1 利用添加点创建地形的步骤

第一步：打开地形点的添加工具

打开场地平面视图，在"体量和场地"选项卡"场地建模"面板中单击"地形表面"按钮，如图 13-1 所示，在"项目浏览器"中选择"楼层平面"的场地视图，再进行绘制。

在系统弹出的"修改 | 编辑表面"上下文选项卡"工具"面板中单击"放置点"按钮，在选项栏中设置"高程"，如图 13-2 所示。

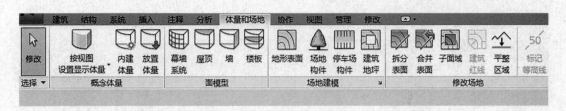

图 13-1　"地形表面"工具

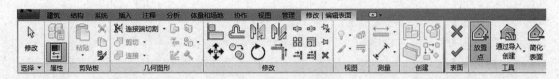

图 13-2　"放置点"工具

第二步：绘制建筑物四边的角标高

在场地中需要布置建筑物四个边角的标高，实例中建筑物的 CAD 图纸如图 13-3 所示。依次将四个角的标高输入到图 13-4 所示的高程中。首先，布置实例图中建筑西北角的标高，在"高程"中输入"-950"，然后，在绘制区建筑物左上角的圆圈内单击鼠标左键放置。最后，再依次放置西南角和东北角，立面标高为 -450；东南角标高为 -300，如图 13-5 所示。

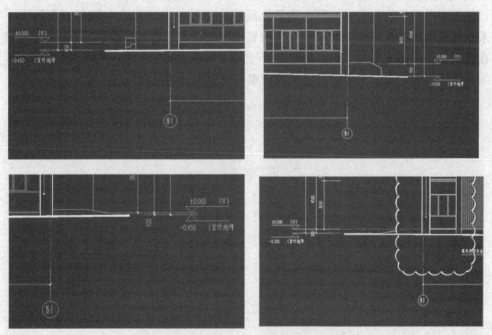

图 13-3　实例图建筑物四边角的标高

图 13-4　高程的设置对话框

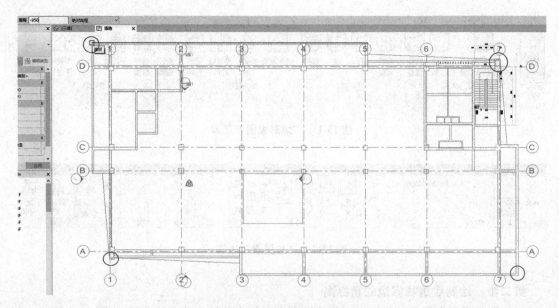

图 13-5 建筑物四边角的高程设置

第三步：添加建筑物外的点来扩大场地

绘制完建筑物的四个边角标高后，再通过绘制建筑物外的其他点来完成整个场地的地形表面。首先选择已经绘制完成的四个边角点场地，通过单击"修改｜编辑表面"上下文选项卡来添加建筑物外新的点，重复上文"放置点"的操作。Revit 2020 软件会自动链接这些点。在建筑物外围多放置几个点，如图 13-6 所示。Revit 中的地表始终由最外围的点连接形成的闭合区域生成地表，图中所有黑色的点都可以用来调整标高。

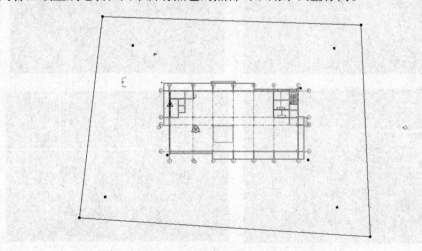

图 13-6 建筑物外用于调整标高的高程点

小技巧：选择"修改｜编辑表面"上下文选项卡"工具"面板中的"放置点"命令来扩大原来的地坪，如图 13-7 所示。如果重新单击"体量和场地"选项卡"场地建模"面板中的"地形表面"按钮，则是另外新建一块地坪。在绘制等高线的时候常常使用这种方式。

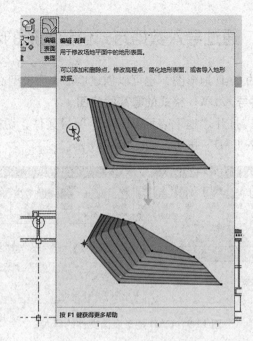

图 13-7　"编辑 表面"工具

第四步：编辑地表的材质

完成地形表面各高程点的设置后，选择该地形表面，单击"属性"面板中"材质和装饰"下"材质"右侧的三个点，可以进入材质浏览器进行编辑，如图 13-8 所示，将材质更改为草地。

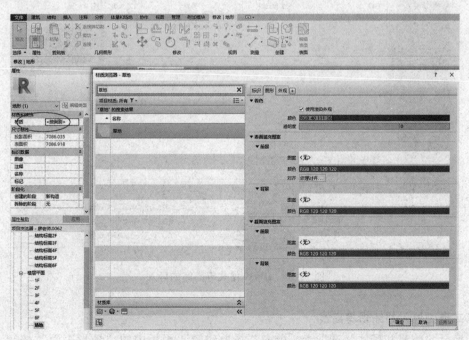

图 13-8　地表材质的编辑

13.2 通过导入数据方式创建地形的步骤

通过导入 DWG 格式的 CAD 地形图，也可以创建地形表面模型。

第一步：从 CAD 文件导入 DWG 格式的等高线底图

首先需要载入该文件。打开"地形表面 01. rvt"项目文件，切换至"插入"选项卡的"导入"面板，单击"导入 CAD"按钮，如图 13-9 所示。

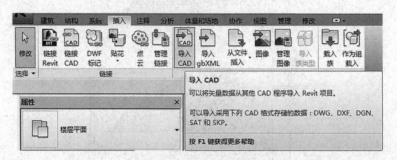

图 13-9　CAD 地形表面文件的导入

在弹出的"导入 CAD 格式"对话框中选择"等高线 . dwg"文件，如图 13-10 所示。将"导入单位"设置为"米"，"定位"设置为"自动 – 原点到内部原点"，单击"打开"按钮后导入 CAD 文件。

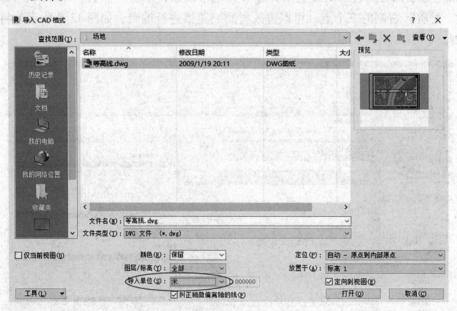

图 13-10　DWG 格式等高线的导入

第二步：导入并编辑等高线

切换至"体量和场地"选项卡，单击"场地建模"面板中的"地形表面"按钮，系统

弹出"修改 | 编辑表面"上下文选项卡。在上下文选项卡"工具"面板中单击"通过导入创建"按钮，在弹出的下拉列表中选择"选择导入实例"选项，在弹出的"从所选图层添加点"对话框中选择两个等高线图层，如图 13-11 所示。

图 13-11 等高线图层的添加

单击"确定"按钮，Revit 2020 软件自动沿着等高线放置一系列高程点，并生成初始的等高线，如图 13-12 所示。

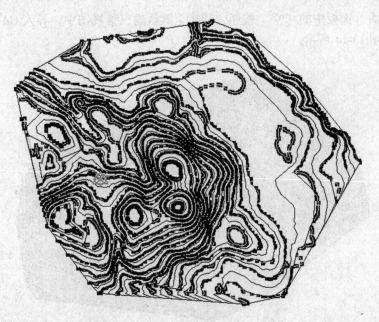

图 13-12 初始等高线完成后的效果

第三步：设置表面精度

单击"修改 | 编辑表面"上下文选项卡"工具"面板中的"简化表面"按钮，将弹出的"简化表面"对话框中的"表面精度"设定为 100，单击"确定"按钮进行简化，如图 13-13 所示。

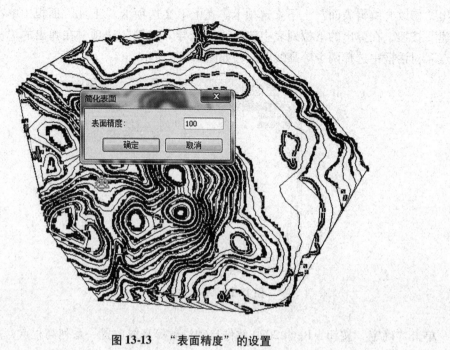

图 13-13 "表面精度"的设置

单击"表面"面板中的"√"按钮，切换至默认的三维视图中，导入 CAD 数据后的地形表面效果如图 13-14 所示。

图 13-14 地形表面效果

第四步：删除多余的 DWG 底图

选择 DWG 地形图层文件并用鼠标右击，在系统弹出的快捷菜单中选择"删除选定图层"选项，如图 13-15 所示。

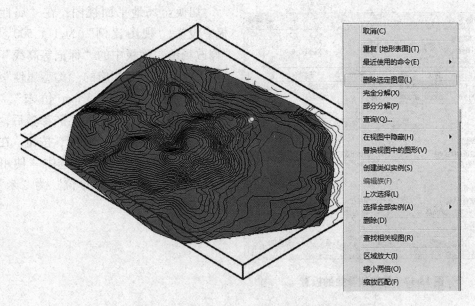

图 13-15　DWG 地形图层底图的操作界面

在系统弹出的"选择要删除的图层/标高"对话框中选择导入的图层，单击"确定"按钮，删除 DWG 文件，保留 Revit 地形等高线，如图 13-16 所示。

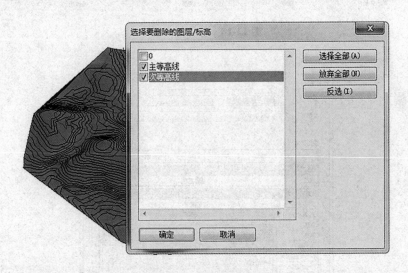

图 13-16　删除等高线底图

第五步：调整场地参数

生成 Revit 地形表面后，可以根据需要对地形等高线进行设置。单击"体量和场地"选项卡"场地建模"面板右下角的"场地设置"按钮，系统弹出"场地设置"对话框，取消选中的"间隔"复选框，删除"附加等高线"列表中的所有等高线，并插入两个等高线，如图 13-17 所示。

图 13-17　等高线参数的设置

切换至场地平面视图，在"属性"面板中设置"视图比例"为 1 ：500。选择"修改场地"面板中的"标记等高线"工具（图 13-18），打开相应的"类型属性"对话框，复制类型为"3.5 mm 仿宋"，设置"文字字体"和"文字大小"参数后，单击"单位格式"右侧的"编辑"按钮，在弹出的"格式"对话框中取消选中"使用项目设置"复选框，设置"单位"为"米"，如图 13-19 所示。

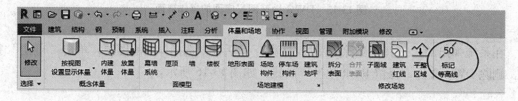

图 13-18　标记等高线

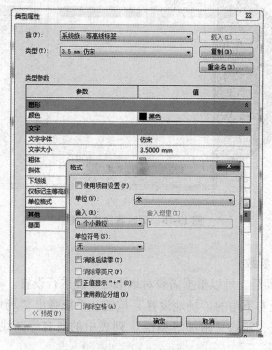

图 13-19　等高线的属性编辑面板

第六步：添加等高线

关闭对话框后，取消选中选项栏中的"链"复选框。在要标注等高线的位置单击，并沿垂直于等高线的位置绘制，再次单击完成绘制。Revit 2020 软件会沿经过的等高线自动添加等高线标签，如图 13-20 所示。

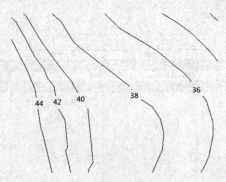

44　42　40　　38　　36

图 13-20　等高线的绘制效果

13.3　添加建筑地坪

打开"某工业厂房.rvt"项目文件，在 F1 平面视图中切换至"体量和场地"选项卡，单击"场地建模"面板中的"建筑地坪"按钮，系统弹出"修改 | 创建建筑地坪边界"上下文选项卡，单击"属性"面板中的"编辑类型"按钮，系统弹出"类型属性"对话框，在"类型属性"对话框中复制类型为"办公楼建筑地坪"，如图 13-21 所示。

图 13-21　新建办公楼地坪

单击"结构"参数右侧的"编辑"按钮，系统弹出图 13-22 所示的"编辑部件"对话框，删除结构以外的其他功能层，设置"结构（1）"的"材质"和"厚度"参数。

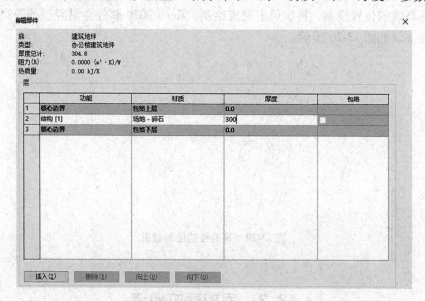

图 13-22　设置结构的材质和厚度

确定绘制方式为"拾取墙"工具，将选项栏中的"偏移"设置为 0.0，勾选"延伸到墙中（至核心层）"复选框。在"属性"面板中设置"自标高的高度偏移"选项为 −150.0，在墙体内侧位置单击，即生成边界线，如图 13-23 所示。

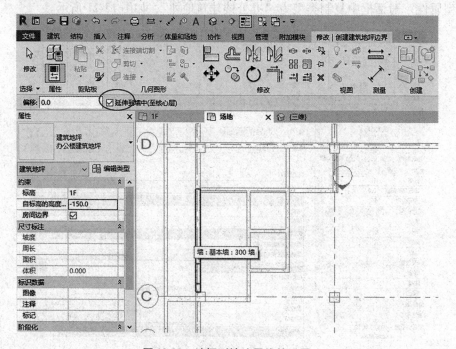

图 13-23　地坪到墙边界线的设置

在"修改 | 创建建筑地坪边界"上下文选项卡"修改"面板中，先选择"修剪/延伸为角"工具，将生成的边界线进行封闭操作，使其成为闭合的边界线。然后单击"模式"面板中的"√"按钮完成地坪边界线的创建。切换至默认的三维视图，选中"剖面框"复选框，改变剖面框范围，查看建筑地坪效果，其效果如图 13-24 所示。

图 13-24 建筑地坪效果图

小技巧：由于只能为地形表面添加建筑地坪，因此，建议在场地平面内创建建筑地坪。但是在楼层平面视图中，可以将建筑地坪添加到地形表面中，如果视图范围或建筑地坪偏移都没有经过相应的调整，则楼层平面视图中的地坪是不会立即可见的。

13.4 创建道路

使用"子面域"工具可以为项目创建道路。"子面域"工具为场地绘制封闭的区域，并为这个区域指定独立材质的方式，用以划分不同的区域内。

在"体量和场地"选项卡"修改场地"面板中单击"子面域"按钮，系统弹出"修改 | 创建子面域边界"上下文选项卡，确定"绘制"方式为"直线"，沿项目中的两个门绘制道路，注意绘制的道路需要是闭合的区域。如图 13-25 所示。

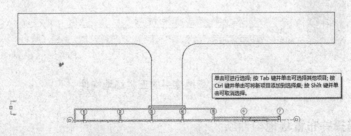

图 13-25 绘制建筑物周边道路

单击"属性"面板中"材质"选项右侧的浏览器按钮，设置该选项为"沥青"，完成后单击"模式"中的"√"，退出边界线绘制状态，完成道路的创建，效果如图 13-26 所示。

图 13-26　设置道路的沥青材质

13.5　添加场地构件的步骤

第一步：载入场地构件族

为了让整个场地环境看起来更美观，让场地在后期的渲染中更加真实。需要为项目的场地添加一些场地构件。在载入场地族中有五类场地构件，"停车场""体育设施""后勤设施""公用设施""附属设置"，如图 13-27 所示。

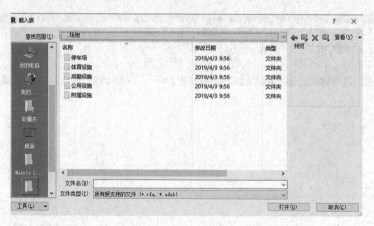

图 13-27　场地族中的五类场地构件

第二步：选择并布置场地构件族

例如，添加"体育设施"中的儿童设施－滑梯。单击"体量和场地"选项卡"场地建模"面板中的"场地构件"按钮可以直接放置，如图 13-28 所示。

第三步：添加并布置系统中未自带的场地构件

在场地构件族中没有路灯等设备，因此，无法直接布置。需要另外载入这些设备族后，在"建筑"选项卡"构建"面板中"构件"下拉列表中单击"放置构件"来布置已经载入的路灯族, 如图 13-29 所示。

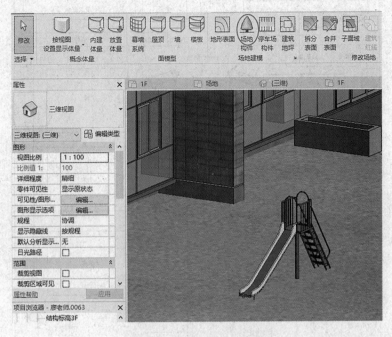

图 13-28 儿童滑梯的布置

图 13-29 路灯的布置

课后练习

一、上机实训题

1. 根据图 13-30 所示的场地布置图, 利用地形表面和子面域来创建模型, 并自行布置一些场地构件。

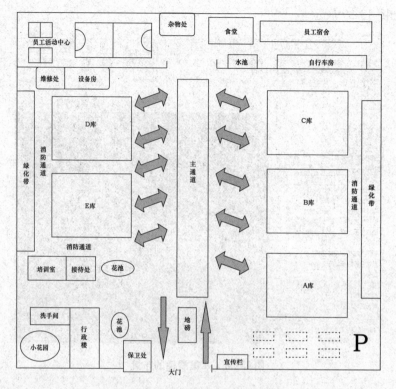

图 13-30   某工程的场地布置图

2. 根据图 13-31 所示的地形地貌，绘制等高线。

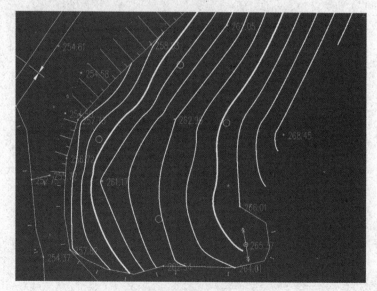

图 13-31   某地的地形地貌图

二、思考题

1. 等高线与地形表面有何区别？

2. 创建道路是在原地形表面上划分还是另外创建？

三、项目综合题

根据本书提供的项目实例图，完成该项目所有场地的模型绘制。

第14章

族与内建模型

★学习目标

（1）理解系统族、可载入族、内建族的差异。

（2）熟悉内建族的类型。

（3）掌握常规模型中的五种实体绘制工具和五种空心绘制工具。

（4）掌握族材料的更改。

（5）掌握公制常规轮廓族的绘制及应用。

14.1 Revit 族的优点及类型

Revit 软件中的所有图元都是基于族的。"族"在 Revit 软件中是一个功能强大、使用频繁的概念。弄清楚族将有助于用户更轻松地管理数据和运用软件。Revit 的"族"（family）是某一类别的图元集，它根据参数（属性）集的共用、使用上的相同和图形表示的相似来对图元进行分组。一个族中不同图元的部分或全部属性可能有不同的值，但属性的设置是相同的。每个族能够在族内再细分成多种类型。每种类型可以具有不同的尺寸、形状、材质设置或其他参数变量。

14.1.1 Revit 族的优点

（1）通过构件族的属性设置实现参数化设计。不同于 Sketch Up 中的模型，Revit 的实体构件族不仅能反映建筑的空间表现，而且能通过族内各种参数设置，如尺寸、形状、类型和其他参数来反映构件图元的各种属性。进而通过构件族参数"数据库"的变量设置来方便地对项目模型进行管理和修改。

（2）不需要使用复杂的编程语言。Revit 族的另一个优点就是用户不必学习和掌握复杂的编程语言，便能够通过族编辑器创建自己的构件族。整个族的创建过程在预定义的样板中执行，可以根据用户的需要在族中加入各种参数，如距离、材质、可见性等。用户可以使用族编辑器创建现实生活中的建筑构件和图形/注释构件。

（3）有利于提高设计效率。使用 Revit 软件进行项目设计时，如果事先拥有大量的族文件，将对设计工作进程和效益有着很大的帮助。设计人员不必另外花时间去制作构件文件，并赋予参数，而是直接导入相应的族文件，便可直接应用于项目中。

（4）可以专注于特长和设计本身。通过使用 Revit 族文件，可以让设计人员专注于发挥本身的特长上。例如：室内设计人员不需要把大量精力花费到家具的三维建模中，而可以通过直接导入丰富的室内家具族库来支持设计，从而专注于设计本身。又例如，建筑设计人员导入植物族库、车辆族库后，简单修改参数就可以润色场景，而不必重新建模。

14.1.2　Revit 族的类型

（1）系统族：系统族是在 Revit 软件中预定义的族，包含基本建筑构件，如墙、窗和门。例如，基本墙系统族包含定义内墙、外墙、基础墙、常规墙和隔断墙样式的墙类型。可以复制和修改部分系统族，但不能创建新的系统族。

（2）可载入族：在当前项目中可以从族库中载入已有的模型族，以及使用族编辑器来修改载入的族。可载入族的放置位置可以是有约束的，也可以是无约束的。有约束的是基于构件并放置在其上，例如，放置在墙上的门族和窗族；而无约束的则可以放置到任意空间，例如树族和家具族。可载入族独立于当前项目，可以应用"新建族"来创建，扩展名为：.rfa。可载入族可以应用到不同的项目中。

（3）内建族：内建族可以为当前项目创建实体构件模型，并且这种内建模型只能在当前项目中使用，而不能应用到其他项目。创建内建族时，可以选择不同的族类别。

小技巧：当创建需要能够被多个项目使用的族时，不能通过"内建模型"命令来编辑实现。因为使用"内建模型"命令编辑完成的内建族只能被当前项目使用，必须在软件启动界面上通过"新建族"方式实现。

14.2　内建模型（内建族）

在"建筑"选项卡"构建"面板下的"构件"下拉列表中，单击"内建模型"按钮，如图 14-1 所示。

图 14-1　"内建模型"工具

"内建模型"有很多类型可以选择，用户选择相应族类别和族参数后，会进入一个新的软件界面，如图 14-2 所示。"内建模型"包括"拉伸""融合""旋转""放样""放样融合" 5 个创建实体模型的命令，以及对应的 5 个创建空心模型的命令。

图 14-2　"内建模型"的软件界面

小技巧：在实际工程项目中，有很多工程量是以件数（个数）进行计量的，而不会统计精确的材料数量，如零星构件，装饰构件等。用户可以在"内建模型"中选择常规模型。另外，如果用户不能判定"内建模型"的具体类型，可以先选择常规模型，后期再更改为其他类型的模型。

14.2.1　实心拉伸的绘制步骤

Revit 2020 软件可以对已经绘制好的二维封闭图形使用"拉伸"命令，使图形的轮廓线沿着一条直线运动形成的运动轨迹曲面来创建实心模型。

第一步：绘制一个封闭图形

在"创建 | 修改拉伸"上下文选项卡"绘制"面板中，选择相应的命令绘制一个封闭图形，如图 14-3 所示。

第二步：设置拉伸距离

单击封闭多边形，在"属性"面板中将"拉伸终点"设置为"45000"，"拉伸起点"设置为"0"，如图 14-4 所示。设置完成后单击"模式"面板中的"√"。

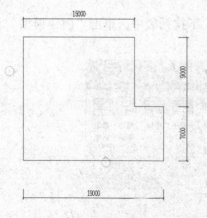

图 14-3　多边形及其尺寸

图 14-4　拉伸属性参数设置

第三步：查看三维效果并调整

完成编辑后，进入三维视图查看图 14-5 所示的三维模型。选择此模型，会在各面的中心位置出现蓝色箭头图标，拖动此图标沿该面的垂直方向拖动，可以改变各方向的拉伸长度；如需要更改拉伸轮廓线，选择创建的模型后，系统自动弹出"修改 | 常规模型"上下文选项卡，单击"模型"面板中的"在位编辑"按钮，可重新进入模型编辑模式，在系统自动弹出的"修改 | 拉伸"上下文选项卡"模式"面板中单击的"编辑拉伸"按钮，进入轮廓的草图绘制模式，然后可以进行所需的修改。此方法适用于所有创建的族类型模型。

小技巧：可在模型的草图绘制模式中创建多个模型，再单击"完成模型"，这样完成后的多个体量将作为一个整体，单击任一部分都将被全部选择，编辑模型需选择模型，单击"模型"面板下的"在位编辑"按钮，此时可单独选择一个单体，再单击"编辑拉伸"，可进入体量单体的草图绘制模式。

图 14-5　拉伸后三维效果

14.2.2　实心放样的绘制步骤

Revit 2020 软件可以对绘制好的二维封闭图形使用"放样"命令，使图形的轮廓线沿着一条曲线运动，所形成的运动轨迹曲面来创建实心模型。应用"放样"命令来创建模型主要包括两部分工作：第一是绘制或拾取运动路径；第二是编辑需要放样的封闭图形，如图 14-6 所示。

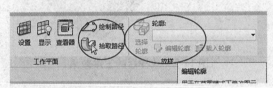

图 14-6　"放样"功能面板

第一步：拾取或绘制运动路径

"放样"功能首先需要确定放样时的运动路径。当项目中已经存在可以作为路径的线条或某实体边缘线，则可以使用"拾取路径"工具直接定义路径。当项目中没有现成的曲线路径时，需要"绘制"出该运动曲线。如实例图，选择"绘制"面板中的"起点 – 终点 – 半径弧"工具，将光标移动到绘图区域，绘制一条直径 8 000 mm 的半圆为路径，如图 14-7 所示，单击"√"按钮，完成命令。

第二步：绘制和编辑需要放样的封闭图形

"修改 | 放样"选项栏中单击"编辑"按钮，系统弹出"转到视图"对话框，在对话框中选择"立面：北"作为绘制的视图。单击"打开视图"按钮，系统跳转到立面视图，并弹出"修改 | 放样 > 编辑轮廓"上下文选项卡，单击"绘制"面板"圆心 – 端点弧"按钮，在绘图区域单击红色点，光标水平向右移动，在键盘输入"3000"后按 Enter 键，光标

围绕圆心向左绘制半圆，单击完成半径为 3 000 mm 的半圆弧的绘制，使用"线"工具，连接半圆两端点，使轮廓闭合，如图 14-8 所示。

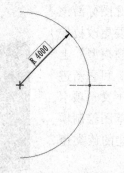

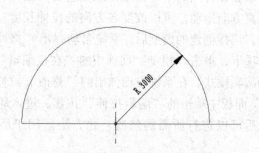

图 14-7　绘制放样功能的半圆路径　　　　图 14-8　绘制放样功能的封闭图形

第三步：三维查看放样效果

绘制完成轮廓后，单击"√"按钮。在三维视图中查看放样后的三维效果，如图 14-9 所示。

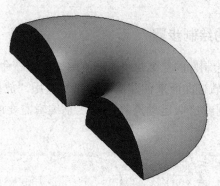

图 14-9　放样后的三维效果

　　小技巧：单击"载入轮廓"按钮，可从族库中载入现有轮廓族，作为放样轮廓；样条曲线工具可绘制路径，但不可绘制轮廓。

14.2.3　实心融合的绘制步骤

Revit 2020 软件可以对已经绘制好的两个二维封闭图形使用"融合"命令，把这两个封闭图形设置为最终实心模型的顶面和底面，确定好实体高度后，"融合"功能将自动融合创建实心模型。通过"融合"命令可以将两个图形融合在一起。在实心拉伸与实心放样前只需绘制一个图形轮廓，在实心融合前则需要绘制两个图形轮廓。

第一步：绘制封闭图形

在自动弹出的"修改创建融合底部边界"上下文选项卡"绘制"面板中选择"矩形"工具，然后将光标移至绘图区域绘制边长为 8 000 mm 的矩形并标注尺寸，如图 14-10 所示。

第二步：拾取一个面作为融合体的底面

依次拾取两个面，作为融合体的底面与顶面。首先单击"模式"面板"编辑顶部"按钮，然后单击"绘制"面板下"拾取线"按钮，回到绘图区域，依次单击绘制的矩形的四个边作为底部轮廓，按 Esc 键完成拾取。

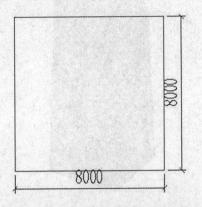

图 14-10　绘制融合功能使用的矩形

第三步：拾取一个面作为融合体的顶面

拾取融合体的底面完成后，再选取矩形轮廓，单击"修改"面板下的"旋转"按钮，绘图区域将出现旋转中心。在矩形中心单击鼠标确定为旋转起点，光标向右移动，从键盘输入"45"按 Enter 键，即可完成 45°的旋转。顶部轮廓的绘制完成，如图 14-11 所示。

第四步：设置融合体的高度

在"属性"面板中设置"第二端点"的值为"20000"，"第一端点"的值为"0"，如图 14-12 所示。

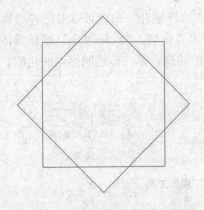

图14-11　拾取融合体的底面及顶面

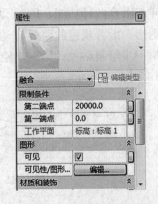

图 14-12　设置融合体的高度

第五步：查看融合体的三维效果

单击"完成融合"命令，软件将自动创建了一个扭曲的融合模型。在三维视图中查看该融合体的融合效果，如图 14-13 所示。

小技巧：Revit 需要先编辑底部才能编辑顶部，如图 14-14 所示。这里所指的顶部只是单纯的空间概念，并不意味着顶部一定在底部的上面。

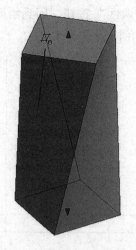

图 14-13　融合后的三维效果

图 14-14　"编辑顶部"命令

14.2.4　实心放样融合的绘制步骤

结合放样与融合两种功能，Revit 2020 软件的"放样融合"命令可以对已经绘制好的两个二维封闭图形，沿着规定的路径自动融合来创建实心模型。"放样融合"操作具体由 3 个步骤组成，第一步绘制路径；第二步绘制路径起点的轮廓；第三步绘制终点的轮廓，操作工具如图 14-15 所示。

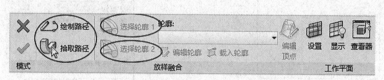

图 14-15　"放样融合"操作工具

小技巧：这里的起点和终点只是路径上的概念，起点或终点的轮廓并没有前后左右的区别。

第一步：绘制放样路径

在"修改 | 放样融合"上下文选项卡单击"绘制路径"按钮，系统弹出"修改 | 样板融合 > 绘制路径"上下文选项卡，单击"绘制"面板中"样条曲线"按钮，光标移动到绘图区域，单击确定样条曲线端点，光标向右上方移动并在适当位置单击，确定第一个拐点的位置，光标向右下方移动，在适当位置单击，确定第二个拐点的位置，光标向右上方移动，

并在合适位置单击，确定终点位置，按 Esc 键，单击"√"按钮，完成样条曲线的绘制，如图 14-16 所示。

图 14-16　设置"放样融合"的放样路径

第二步：绘制或拾取路径起点的轮廓

单击"编辑"按钮，系统弹出的"转到视图"对话框，在对话框中选择"立面：东"作为绘制的视图，单击"打开视图"按钮。单击"绘制"面板下"圆心－端点弧"按钮，在东立面视图绘制半径为 3 000 的半圆，并使用"线"工具连接半圆两端点，使轮廓 1 闭合，如图 14-17 所示，完成第一个面的轮廓。

第三步：绘制或拾取终点的轮廓

单击"模式"面板"修改轮廓 2"按钮，再单击"编辑"面板下的"编辑轮廓"按钮，自动进入到轮廓 2 参照平面视图，选择"矩形"工具，在参照平面内绘制边长为 3 000 的矩形，如图 14-18 所示，单击"√"按钮。

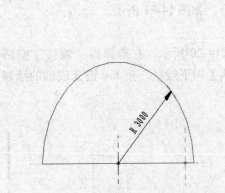
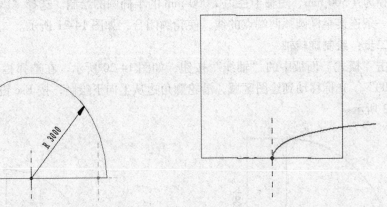

图 14-17　绘制"放样融合"路径起点的轮廓　　图 14-18　绘制"放样融合"路径终点的轮廓

第四步：三维查看融合效果

单击"完成放样融合"，在三维视图中查看融合效果，如图 14-19 所示。

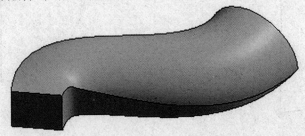

图 14-19　放样融合的三维效果

14.2.5 实心旋转的步骤

Revit 2020 软件可以对绘制好的二维封闭图形使用"旋转"命令，使图形的轮廓线以一条直线为轴进行旋转运动，并以所形成的运动轨迹曲面来创建实心模型。

"旋转"命令可围绕轴旋转创建实心空间模型，可以使用旋转命令创建门把手或其他家具或圆形屋顶等弧形面。

第一步：绘制需要旋转的平面封闭图形

单击"旋转"按钮，系统自动弹出"修改 | 创建旋转"上下文选项卡，单击"绘制"面板中的"半椭圆"按钮，如图 14-20 所示。

图 14-20　"模式"与"绘制"面板

将光标移动至绘图区域，单击确定第一点位置；然后光标向下移动，键盘输入"9000"。按 Enter 键后，光标向左移动，键盘输入"2000"；按 Enter 键后再按 Esc 键，完成长轴半径为 4 500 mm、短轴半径为 2 000 mm 的半椭圆的绘制。选择"线"工具，在绘图区域绘制一条连接半椭圆弧两端点的线，使轮廓闭合，如图 14-21 所示。

第二步：绘制旋转轴

单击"模式"面板中的"轴线"按钮，如图 14-20 所示，在选择栏"偏移"空格中输入"2000"。光标移动到绘图区域，沿轮廓角边从上向下绘制，按 Esc 键完成轴的绘制，如图 14-22 所示。

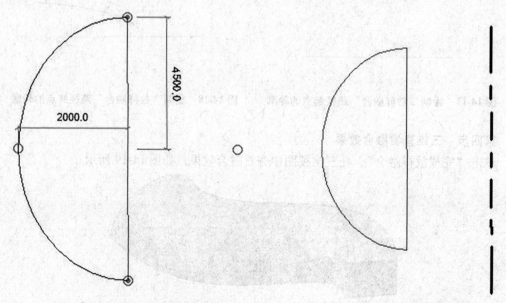

图 14-21　半椭圆封闭图形　　　　　　　　　　**图 14-22　旋转轴的绘制**

第三步：设置旋转角度

在"属性"面板中将"结束角度"设置为"–180°"，"起始角度"设置为"0°"，如图 14-23 所示。

第四步：查看旋转模型效果

进入三维视图，查看旋转出来的三维效果，如图 14-24 所示。

图 14-23 旋转角度设置

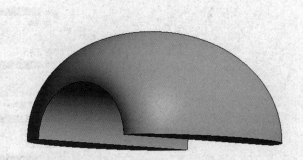

图 14-24 旋转后得到的三维效果

14.2.6 "内建模型"实例：厕所北部零星构件的绘制步骤

在实际工程项目的建模过程中，会有很多特定造型构件用到内建模型。以本书实例图 14-25 所示厕所北部零星构件的绘制为例，讲解"内建模型"的操作和技巧。

第一步：选择"内建模型"命令及类型

在 1F 平面视图中，在"建筑"选项卡"构件"面板下拉列表中，单击"内建模型"按钮，在弹出的对话框中选择"常规模型"。

第二步：设置属性参数

在"属性"面板中将"拉伸起点"设置为"0.0"，"拉伸终点"设置为"4500.0"（1 层的层高）。在"材质和装饰"中选择"材质"<按类别>后的三个点，如图 14-26 所示。进入"材质浏览器"搜索"铝合金"，如图 14-27 所示。如果没有该材质，需要通过"新建材质"命令，重命名为"铝合金线条"。

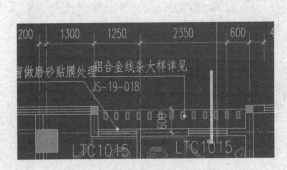

图 14-25 厕所北部零星构件 CAD 图

图 14-26 拉伸属性设置

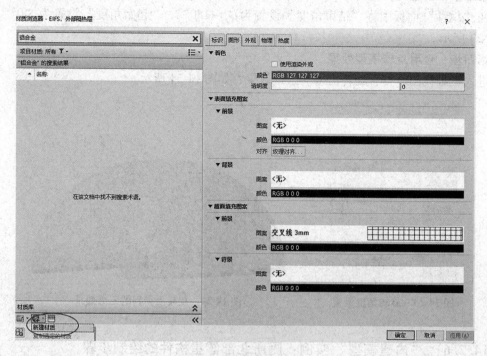

图 14-27　材质浏览器

在新建的"铝合金线条"材料外观库中设置合适的外观及颜色，如图 14-28 所示。

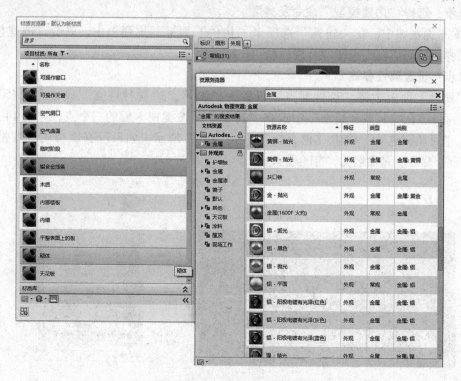

图 14-28　设置材料的外观及颜色

第三步：绘制同心矩形并拉伸

在绘制区用"绘制"面板中的"矩形"命令绘制出同心的两层矩形，如图 14-29 所示。绘制完成后单击"模式"面板中的"√"按钮，软件会自动拉伸出中间矩形为空的空心矩形体。

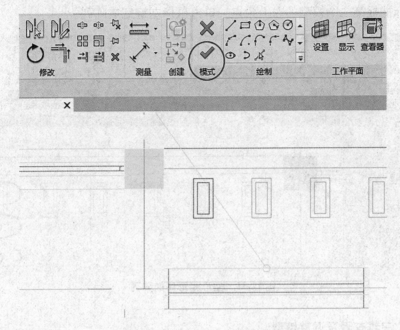

图 14-29 同心矩形的绘制与拉伸

小技巧：如果对一个封闭的环形轮廓进行拉伸，则会得到一个实心体；如果对两个同心或偏心的封闭环形轮廓进行拉伸，则会得到一个内环轮廓为空，内外环形轮廓所围面积为实的环形空心体，如图 14-30 所示。因此，可以使用拉伸功能来实现各种同心或偏心的环形空心体。

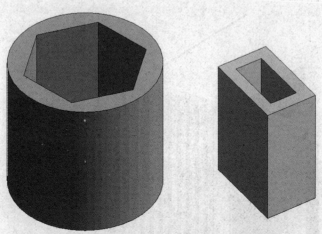

图 14-30 利用内外封闭轮廓拉伸出的空心体

第四步：选择模型进行阵列

选择已经完成拉伸的空心矩形体模型，单击"阵列"按钮，如图 14-31 所示。在"修改 | 常规模型"上下文选项卡的选项栏中勾选"成组并关联"，将"项目数"设置为 13（包括原模型），在"移动到"勾选"第二个"。选择需要阵列的空心矩形体的左上角点后，移动鼠标光标捕捉第二个模型的左上角点，单击鼠标左键完成阵列。

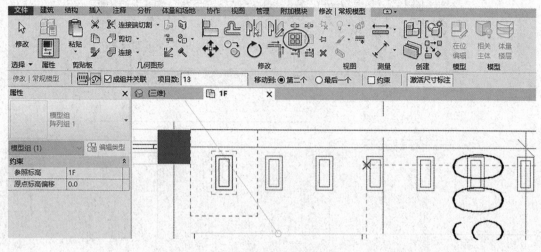

图 14-31　空心矩形体的阵列

第五步：三维查看及调整模型

阵列完成后，就可以在三维视图中查看效果。单击阵列中的任意一个模型，选择"编辑组"，仍然可以对其进行拉伸。任意一个模型的拉伸，都会导致阵列的其他模型整体进行相应的变化，如图 14-32 所示。

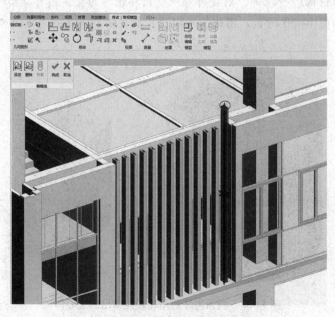

图 14-32　空心矩形体阵列后的三维效果

14.3 新建族

14.3.1 新建族的两种方式

新建族有两种方式可以操作：第一种方法是打开 Revit 软件后，直接在软件开启界面中单击"族"下的"新建"按钮，如图 14-33 所示；第二种方法是打开"项目"，在项目界面的菜单栏"文件"下的"新建"级联菜单中选择"族"选项，如图 14-34 所示。与内建模型不同的是，新建族不仅可以创建具有几何实体的模型族，还可以新建"注释""标题栏""轮廓"等类型的可载入族。

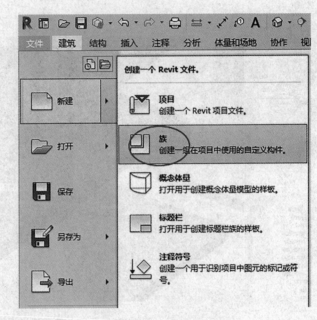

图 14-33　软件开启界面中直接新建族　　　　图 14-34　项目界面中新建族

小技巧：Revit 2020 软件"可载入族"库已经自带了部分族，可以应用到所有项目。同时可以对这些族进行编辑并保存为其他名称的族，而不要覆盖原来的可载入族。

14.3.2 "新建族"实例：北部入口楼梯的绘制步骤

以本书实例中北部入口楼梯的绘制为例（图 14-35），讲解"新建族"的操作和技巧。

绘制思路：先绘制大门出口的顶板，确定入口楼梯的顶部标高；然后通过"楼板：楼板边"功能绘制完成。使用该功能时需要新建楼梯"轮廓族"。

第一步：绘制大门出口的顶板

在"建筑"选项卡"构建"面板"楼板"下拉列表中单击"楼板：建筑"按钮，在大门出口绘制一块厚度为 450 的楼板，如图 14-36 所示。

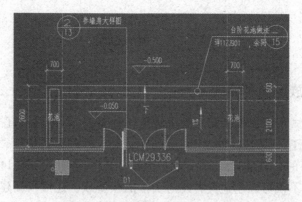

图 14-35　北部入口楼梯 CAD 图

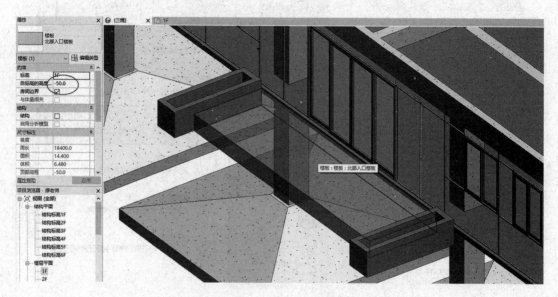

图 14-36　北部入口的楼梯板绘制

第二步：选择"楼板：楼板边"命令

在"建筑"选项卡"构建"面板"楼板"下拉列表中单击"楼板：楼板边"按钮，如图 14-37 所示。

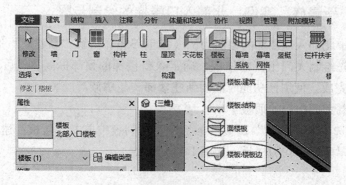

图 14-37　"楼梯：楼板边"命令

进入绘制模式后，选择任意一条楼板的边缘线都会变为蓝色线条。单击鼠标左键就可以添加楼板边缘。图 14-38 所示为楼梯台阶的东视图，左边圆圈处对应右边楼板的边缘线。

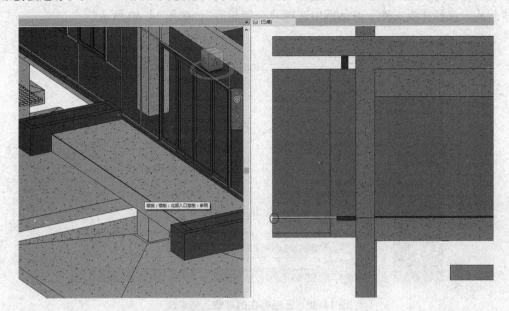

图 14-38　选择楼板边缘的对应点

第三步：确认项目是否载入楼梯轮廓

在楼板边缘的"属性"面板中单击"编辑类型"按钮，在弹出的"类型属性"对话框中看到项目已经载入的轮廓族库，从中查找本楼梯所需的楼梯轮廓族，如图 14-39 所示。如没有查找到所需楼梯轮廓族，则需要新建一个轮廓族。

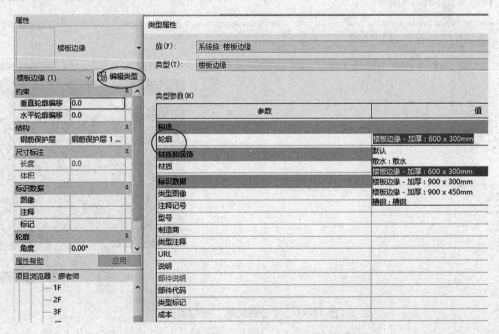

图 14-39　"类型属性"对话框中已经存在的轮廓族

第四步：新建楼梯轮廓族

退出绘制"楼板边缘"命令，选择"文件"→"新建"下拉菜单中的"族"，在弹出的"新族 – 选择样板文件"对话框中选择"公制轮廓"，如图 14-40 所示。

图 14-40　已经存在的可载入样本族

小技巧：如果在可载入族中找不到需要的"公制轮廓"族，则需要下载"公制轮廓"族到可载入族库中。

第五步：绘制楼梯侧面轮廓

进入"公制轮廓"的绘制界面，如图 14-41 所示，图中的定位线交叉点（红色点）对应于右侧实例图的圆圈处。

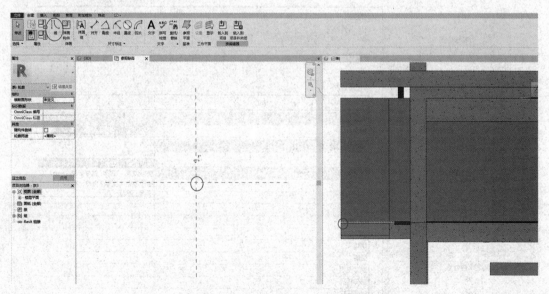

图 14-41　"公制轮廓"绘制界面

利用"线"命令来绘制轮廓。根据实例图纸，楼梯每阶的踢面高度为 150 mm，深度为 300 mm。考虑到绘制的楼梯顶面距离楼板面还有一级台阶，因此，楼梯轮廓从定位交叉点往下 150 mm 开始绘制，如图 14-42 所示。绘制的所有线条应该形成一个闭合区域。

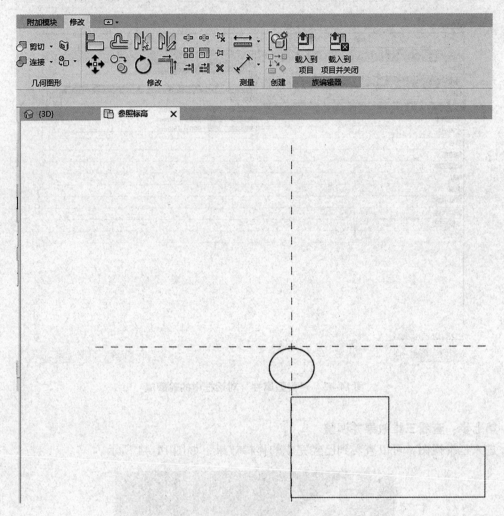

图 14-42　楼梯轮廓绘制

完成绘制后，单击"载入到项目并关闭"按钮，将新建族命名为"北入口楼梯边缘"。

小技巧：（1）轮廓族是有上下和正反方位的，定位线将轮廓族分为四个象限，那么这里要绘制突出的楼梯轮廓应该画在第四象限中，如果画在第三象限，则是凹进去的实体。

（2）象限以原点为中心，x 轴、y 轴为分界线。右上的称为第一象限，左上的称为第二象限，左下的称为第三象限，右下的称为第四象限。

第六步：完成"楼板：楼梯边"操作

回到"楼梯边缘"绘制界面，在"属性"面板中单击"编辑类型"按钮，在弹出的"类型属性"对话框"轮廓"下拉列表中会出现所有可载入族，如图 14-43 所示。下拉滑块找到并选择新建的"北部入口楼梯边缘"族，单击"确定"按钮完成编辑。

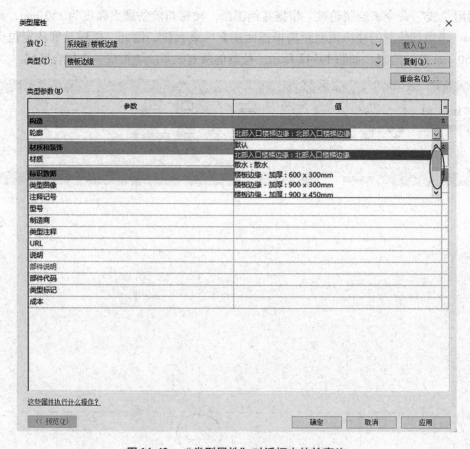

图 14-43 "类型属性"对话框中的轮廓族

第七步：查看三维效果并调整

进入三维视图，可以查看到已经完成的楼梯效果，如图 14-44 所示。

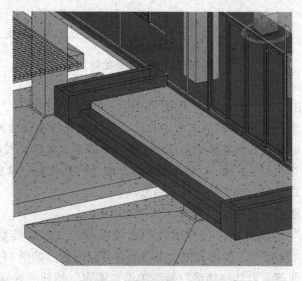

图 14-44 楼梯的三维效果

课后练习

一、上机实训题

1. 根据图 14-45 所示的零件，创建"内建模型"的常规模型族。

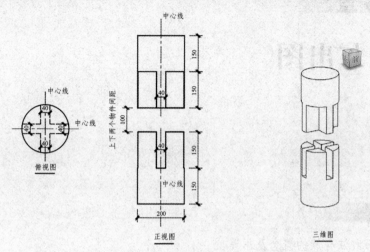

图 14-45　零件的投影及立体图

2. 根据图 14-46 所示的零件，创建"新建族"的常规模型族。

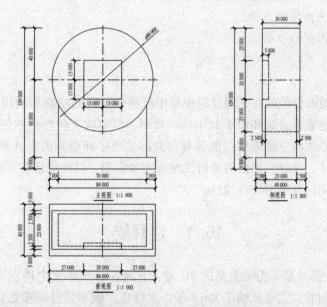

图 14-46　零件的投影及立体图

二、思考题

1. 简述"拉伸"命令与"放样"命令的相同点和区别。

2. 简述放样融合功能与放样及融合两种单一功能的相同点和区别。

第 15 章

标注与出图

（1）理解三种注释族的概念及用途。

（2）掌握门和窗的三种标记方法。

（3）掌握房间的标记步骤。

（4）掌握房间的分割及颜色设置方法。

（5）掌握明细表的设计步骤。

（6）掌握创建图纸的步骤。

BIM 的核心思想和价值就在于对建筑模型中所携带信息的挖掘和利用。在 Revit 的三维模型中，这些信息是非常直观和便于利用的。然而，目前施工阶段仍然使用 CAD 二维图纸进行施工。因此，必须将三维模型中的各种信息以二维平面信息的方式展示出来。Revit 通过对建筑构件的尺寸、位置、属性等进行二维标注和出图，以此保证在二维图纸施工的背景下，能够在前期应用三维模型进行设计。

15.1 注释族

在 Revit 中，注释族是一类很重要的 2D 族，它是在三维环境中特别设置出来为二维出图所用的专门族。同时，它也反映了 Revit 的一大特色：模型信息的参数化表达。注释族主要有标记、注释和符号三种类别，如图 15-1 所示。

（1）标记主要用于模型 3D 族的参数注释。在制作标记类时，首先需要定义好对应 3D 模型族的类别，这样才能从 Revit 中读取出自定义的各种参数，如图 15-2 所示的门的标记。

（2）注释主要用于对建筑信息的详细说明。

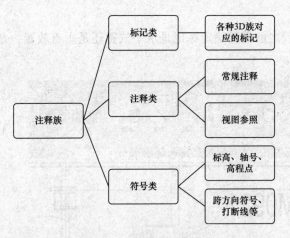

图 15-1　注释族的类别细分

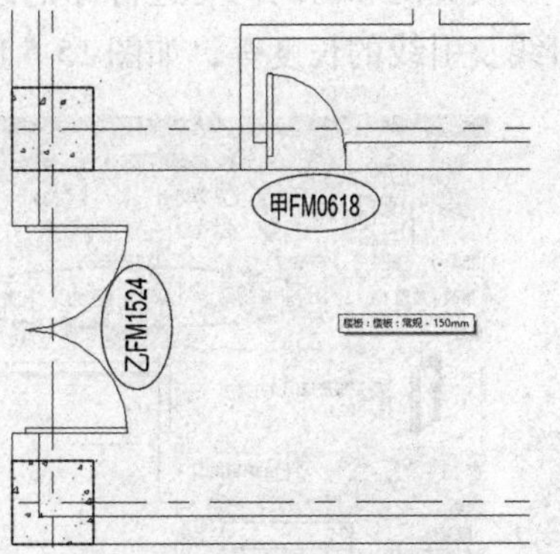

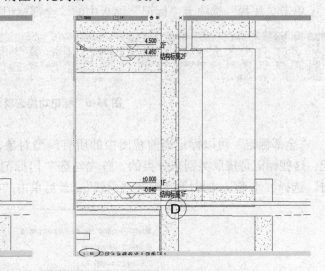

图 15-2　门的标记

（3）符号有两种：第一种是配合标注的二维信息，如标高的标头和轴网的标头，如图15-3 所示；第二种是图形表达时单独使用的二维信息，如楼板的跨方向符号。

不管是标记还是符号，这些注释族都可以调整视图的比例，以保证出图时注释的大小，如图 15-4 所示，圆圈中把图 15-3 中的注释比例由 1∶100 改为 1∶50。

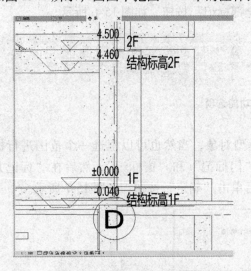

图 15-3　标高的标头符号

图 15-4　视图比例的修改

　　小技巧：利用常规注释族所作的符号类标注是有比例注释性的，它会依照视图的比例相应放大和缩小。所以，在制作符号时，需要注意参数的设置。这也是常规注释族符号族与详图项目符号族的区别。

15.2　门和窗的标记方法

门和窗的标记方式有很多种，这里介绍三种常用方法。

第一种方法：绘制模型时直接标记

在放置门和窗的同时进行标记，放置之前需要确定标记是水平放置还是垂直放置，是否有引线及引线的长度等，如图 15-5 所示。

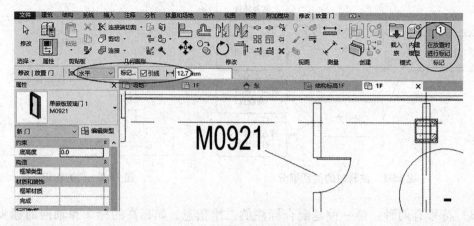

图 15-5　绘制模型时直接标记

第二种方法：利用菜单及功能项进行标记

单击"注释"选项卡"标记"面板中的"全部标记"按钮，如图 15-6 所示。

图 15-6　标记功能选项

"全部标记"可以标记当前视图中的所有模型对象，当然也可以框选一个范围进行标记，这些标记是按照类别来分类的，首先勾选"门标记"和"窗标记"，然后在"标记方向"选择"水平"，同时取消勾选"引线"，最后单击"确定"按钮，如图 15-7 所示。

图 15-7　门和窗的标记

确定好标记方向后，显示发现门的标记并不是正确的门类型。显示门的类型为 M831，而正确的门类型为 M1524。单击"属性"面板中的"编辑类型"按钮，在弹出的"类型属性"对话框中，虽然在"类型"中显示选择的是 M1524，然而这是自己定义的名称，并非系统指定的类型。在对话框的"类型参数"下拉滑块中找到"类型标记"，发现系统指定的是 M831。因此，需要将门的类型从 M831 修改成 M1524，具体操作详见 12.2 内容。

第三种方法：在标记类别中直接选择

根据施工图绘制的模型中，大部分的窗都是由玻璃幕墙构成的。所以，"标记类型"选择"窗"是无法对幕墙进行标记的，需要利用"按类别标记"对同类别的幕墙进行标记。同时，一次类别标记指定就可以完成对该类幕墙的标记，而不需要对所有幕墙都进行重复标记。如图 15-8 所示，在"注释"选项卡"标记"面板中单击"按类别标记"按钮，在玻璃幕墙的引线上会出现"？"，表明该类族未指定，需要在族编辑中指定。

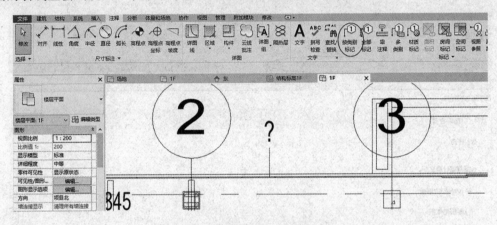

图 15-8　玻璃幕墙的"按类别标记"

单击图 15-8 中未指定类族的"？"，对该类幕墙进行标记，选择幕墙 LCM29336，如图 15-9 所示。完成后载入项目并关闭。幕墙引线上对应的"？"将会消失，并显示出与属性面板中名称一致的正确类型。

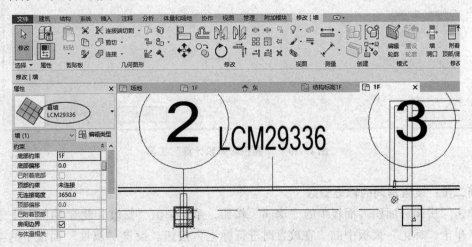

图 15-9　玻璃幕墙标记修改后效果

15.3　房间的标记步骤

很多时候需要对房间进行必要的标记和说明。

第一步：设置房间的面积和体积计算规则

切换至 F1 平面视图，单击"建筑"选项卡"房间和面积"面板的下拉按钮，展开"房间和面积"面板，选择"面积和体积计算"选项，如图 15-10 所示，系统弹出"面积和体积计算"对话框，在对话框的"计算"选项卡中分别勾选"仅按面积（更快)"和"在墙面面层（F)"选项。

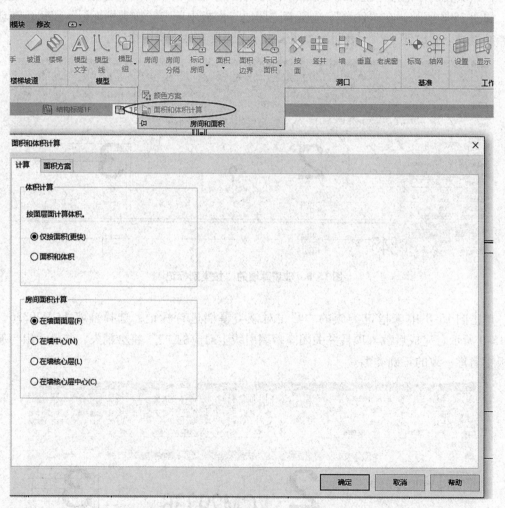

图 15-10　"面积和体积计算"工具

第二步：设置房间的标记参数

单击"房间和面积"面板中的"房间"按钮，系统弹出"修改 I 放置 房间"上下文选项卡，单击"标记"面板中的"在放置时进行标记"按钮。设置"属性"面板中的类型选择器为"标记房间 – 有面积 – 方案 – 黑体 – 4 – 5mm"，这里注意：Revit 软件默认的房间是

图 15-11　房间的属性面板

不带面积，因此需要选择带面积的房间。同时设置"上限"为"1F"、"高度偏移"为"1500.0"，如图 15-11 所示。

第三步：选择房间

选择好房间后，Revit 自动显示房间为蓝色，单击即可创建房间，如图 15-12 所示。

第四步：更改房间名称

将光标指向创建好的房间区域，当房间边界图元高亮显示时，单击选中该房间边界图元，单击"房间"就可以重新命名更改，如图 15-13 所示，将"房间"名称更改为"楼梯间"。

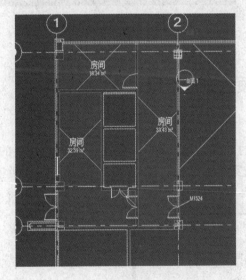

图 15-12　房间的选择与命名

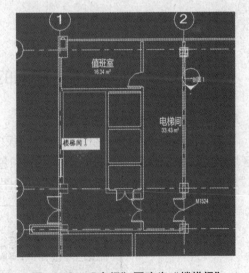

图 15-13　"房间"更改为"楼梯间"

15.4　房间分隔线的运用

Revit 软件中使用"房间分隔线"工具可以添加和调整房间的边界。房间分隔线是指房间内人为划分不同区域的边界。在同一房间内分割另一个房间时，房间分隔线十分有用。例如，起居室中的就餐区，此时房间内两个功能区之间不需要墙进行分割，而采用房间分割线。房间分隔线在平面视图和三维视图中可见。单击"建筑"选项卡"房间和面积"面板中的"房间分隔"按钮，绘制出一条分隔线，如图 15-14 所示圆圈位置，将原房间分隔成两间没有墙的房间，分隔前后导致房间的面积会发生改变，分隔后下部房间的面积变为 29.07 m²。而原来整体房间的面积为 41.4 m²，如图 15-15 所示。

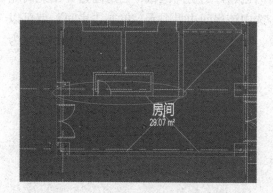

图 15-14　房间分割后的面积改变

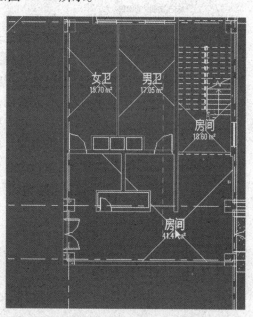

图 15-15　房间分割前的原面积

15.5　房间的颜色设置步骤

第一步：设置房间的颜色方案

单击"注释"选择卡"颜色填充"面板中的"颜色填充图例"按钮，单击绘制区的空白区域放置，系统弹出"选择空间类型和颜色方案"对话框。在对话框中选择"空间类型"为"房间"，"颜色方案"为"方案 1"，如图 15-16 所示。

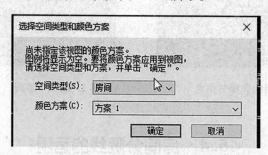

图 15-16　"颜色填充案例"面板

第二步：设置按视图显示

由于在项目中未定义颜色方案的显示属性，放置图例会显示"没有向视图指定颜色方案"。因此，在放置图例时，需要在"修改 | 颜色填充图例"上下文选项卡中单击"编辑方案"，如图 15-17 所示。

图 15-17　修改颜色填充图例

第三步：编辑颜色方案

单击"建筑"选项卡"房间和面积"下拉面板下的"颜色"按钮，在弹出的下拉列表中选择"颜色方案"按钮，系统弹出"编辑颜色方案"对话框，如图 15-18 所示。在"编辑颜色方案"对话框的"类别"下拉列表中选择"房间"选项，设置"标题"为"方案 1 图例"，选择"颜色"为"名称"，这时系统会打开"不保留颜色"对话框，单击"确定"按钮，列表中就自动显示房间的填充颜色。

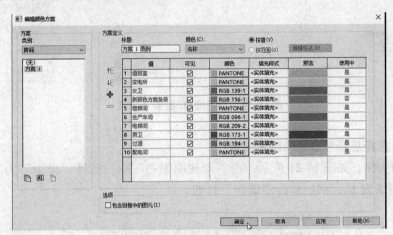

图 15-18　房间颜色方案的设定

确认并关闭"编辑颜色方案"对话框后，房间平面视图中的各房间就会被相应的颜色填充，同时右侧显示颜色图例，如图 15-19 所示。

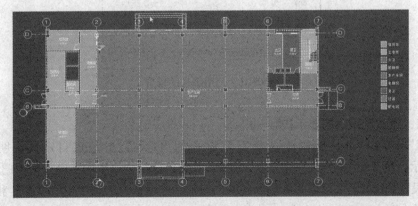

图 15-19　编辑好房间颜色后的效果

15.6 明细表的设计步骤

为了项目管理的需要，Revit 软件可以自动从模型中提取出各种图元的属性参数，并根据用户自定义的表格明细形式来显示这些信息，从而能够为项目决策提供强大的数据支持。

第一步：创建明细表

在"视图"选项卡"创建"面板"明细表"下拉列表中单击"明细表/数量"按钮，如图 15-20 所示。

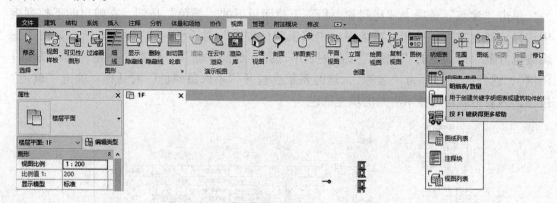

图 15-20 "明细表/数量"工具

第二步：选择想要导出的明细表对象

这里以门为例，如图 15-21 所示，在"新建明细表"中，选择"类别"为"门"，"名称"为"门明细表 2"，然后单击"确定"按钮。

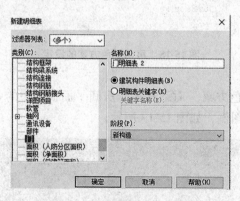

图 15-21 门明细表的设置

第三步：设置明细表的显示内容

从"门"的各种属性字段中选择需要显示的内容，以此组成自定义的明细表。如图 15-22 所示，在"明细表属性"中选择"字段"。然后选择"可用的字段"为"门"，在门的"可用的字段"中选择需要组成明细表的各种门属性，这里选择的是"粗略宽度"和"粗略高度"。然后单击图中圆圈的添加按钮 ，将选择好的属性添加到右侧，构成明细表的展示字段。

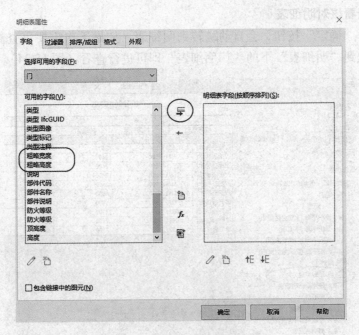

图 15-22　门明细表的显示内容设置

第四步：设置计算值

以门的面积为例，如图 15-23 所示，"计算值"命名为面积，选择"公式"后，下面的公式内容就可以进行编辑了。"类型"选择为面积，"公式"计算规则可以从已添加的参数中选择相应参数并组合成公式，实例公式为：粗略高度×粗略宽度。

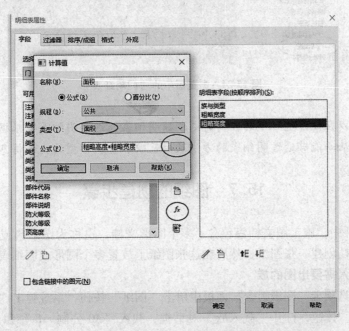

图 15-23　设置门的面积计算公式

第五步：查看核对明细表

完成后单击"确定"按钮，会自动跳转到明细表。如果下次需要再查看明细表时，在项目浏览器中找到"明细表"下的"门明细表"即可进行查看（图 15-24）。

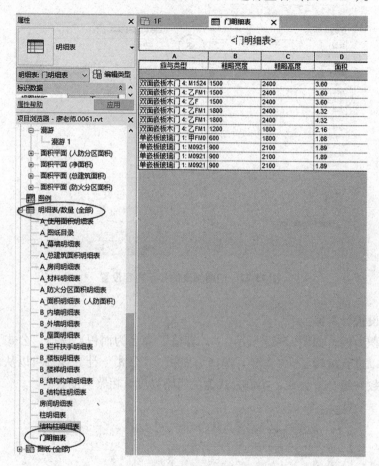

图 15-24 浏览器中的"门明细表"

小技巧：可以在设计过程中的任何时刻创建明细表，这些明细表将根据模型的修改自动更新表格数据，从而能够通过明细表的方法及时反映和查找模型的更新信息。

15.7 图纸的创建步骤

在 Revit 软件中，施工图文档集包含了多个图形文档，也称为图形集或图纸集。首先需要为每个图纸文档创建一张图纸，然后在这张图纸上放置多个图形或明细表，

第一步：载入需要出图的族

在"视图"选项卡"图纸组合"面板中单击"图纸"按钮，系统弹出"新建图纸"对话框。单击"载入"按钮，打开"载入族"对话框，载入"A0 公制 . rfa"和"A1 公制 . rfa"，如图 15-25 所示。

第二步：创建一张图纸

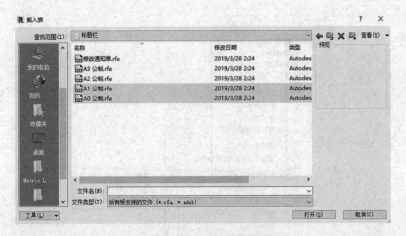

图 15-25　载入需要出图的族

在"视图"选项卡"图纸组合"面板中单击"图纸"按钮，如图 15-26 所示。选择 A1 公制。

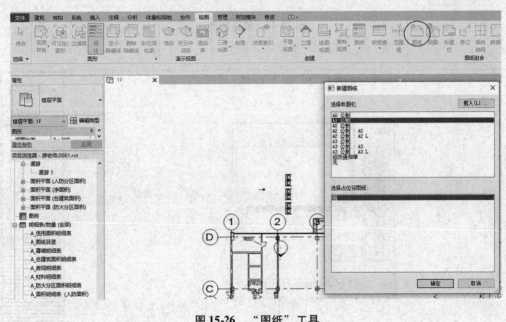

图 15-26　"图纸"工具

第三步：复制并放置图形

在楼层平面 1F 单击鼠标右键，在弹出的快捷菜单中选择"复制视图"下的"带细节复制"选项，并命名为"首层平面图"，如图 15-27 所示。

第四步：选择视图

单击"视图"选项卡"图纸组合"面板中的"视图"按钮，系统弹出"视图"对话框，该对话框的列表框中包括了项目中可用的所有图纸，找到新建的"楼层平面：首层平面图"，如图 15-28 所示，同时可以载入之前的门明细表。

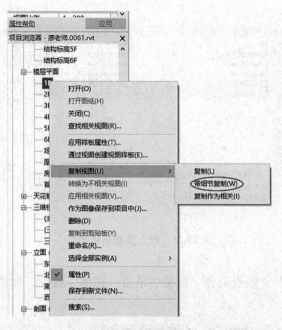

图 15-27　复制图形

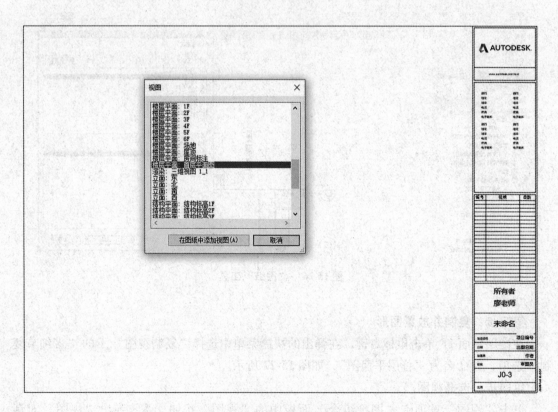

图 15-28　项目的可用图纸列表

第六步：修改图纸

通过"属性"面板对图纸进行调整，可以使图纸变得更漂亮。在"属性"面板的"视口　有线条的标题"，可以改为"没有线条的标题"。如果图纸显示太小，可以将"视图比例"改为 1∶100，如图 15-29 所示。

选择该图纸名称，单击"编辑类型"按钮，系统弹出"类型属性"对话框，如图 15-30 所示。在"类型属性"对话框中，复制类型为"某办公楼 – 视图标题"，取消选中"显示延伸线"复选框，设置"线宽"为 2，"颜色"为"黑色"。

切换至"注释"选项卡，单击"符号"面板中的"符号"按钮，确定"属性"面板的选择器为"C_ 指北针"，在视图右上角空白区域单击添加指北针，如图 15-31 所示。

按两次 Esc 键退出放置状态，在不选中任何图元的情况下设置"属性"面板中图纸的"审核者""设计者""审图员"与"图纸名称"选项，单击"应用"按钮，修改图纸的名称，如图 15-32 所示。

图 15-29　图纸属性设置

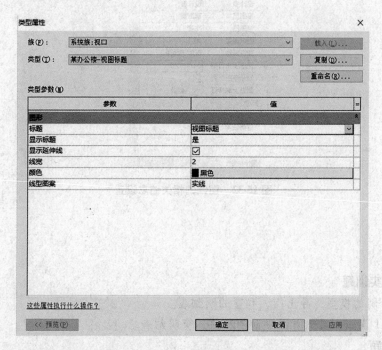

图 15-30　图纸"类型属性"设置

小技巧：利用图纸组合命令可以继续创建图纸并在图纸中放置视图。其中，一张图纸中既可以放置一个视图，也可以放置多个视图。放置视图，除能够通过单击"视图"按钮在"视图"对话框中选择视图进行放置外，还可以直接选中"项目浏览器"中的视图名称，并拖动空白图纸来完成放置。

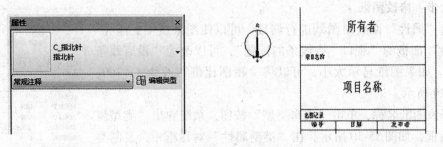

图 15-31 图纸中添加指北针

图 15-32 图纸的相关信息设置

课后练习 \\\

一、上机实训题

1. 根据绘制的模型，导出门，和窗的明细表。

2. 载入 A1 图纸，导入首层平面图和门、窗明细表。

二、思考题

1. 注释族细分为几类？每类都起到什么作用？

2. 房间分隔线的用途是什么？

三、项目综合题

根据本书提供的项目实例图，对已经完成的构件模型进行标注，包括门、窗、幕墙和房间。

第 16 章

渲染、漫游与导出

★学习目标

（1）掌握设置构件材质的方法。
（2）掌握布置相机的方法。
（3）掌握创建鸟瞰图的步骤。
（4）掌握渲染视图的设计步骤。
（5）掌握实现漫游的步骤。
（6）掌握多种格式的导出方法。

Revit 2020 软件自身带有渲染器，虽然效果比不上的 3ds Max 等专业渲染器，但是对于平常使用可以满足渲染要求。如果需要特别专业的渲染效果，可以通过 Revit 2020 中的专业插件（比如 Very for Revit、3ds Max for Revit）就可以直接在 Revit 软件中实现专业渲染。同样，Revit 2020 软件自身的漫游效果虽不突出，但通过专业插件可以实现画面精美，非常流畅的漫游效果。

16.1 设置构件的材质

在 Revit 2020 软件中，材质是指构件图元看起来是什么质地，可以理解为材料和质感的结合，如混凝土、木材和玻璃等材质，让附有材质的对象具有真实的外观。同时，材质还具有详细的外观属性，如反射率和表面纹理等。如果希望在渲染视图中实现好的效果，需要在渲染前对构件的材质进行编辑与设置。

以外墙瓷砖的材质为例，在"管理"选项卡"设置"面板中单击"材质"按钮，进入材质浏览器，如图 16-1 所示。

外观显示有图形和外观两种不同的显示方式，图形仅仅用于着色的展示；外观除颜色的显示外，还能有外观贴图及折射率等其他物理属性，如图 16-2 所示。

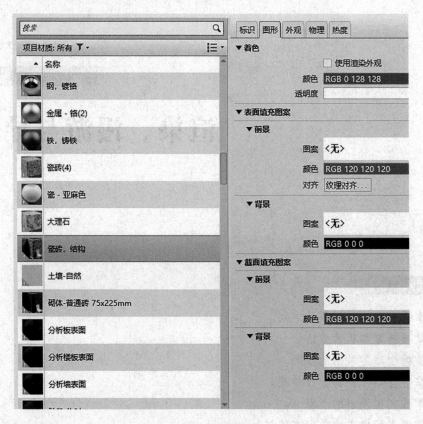

图 16-1 材质浏览器

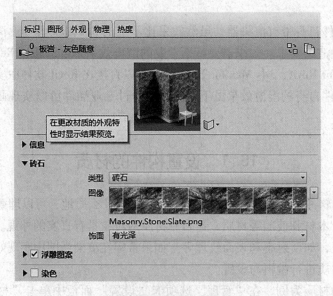

图 16-2 材质的外观属性

为了对比，本书将外墙瓷砖的"图形"设置为绿色，"外观"仍然是瓷砖原本的颜色样式。在三维视图中切换"视觉样式"就能发现设置颜色与没有颜色之间的区别，如图 16-3 和图 16-4 所示。为了方便，可以直接勾选"使用渲染外观"进行着色。

图 16-3　外墙瓷砖"颜色"设置为绿色的三维效果

图 16-4　外墙瓷砖"颜色"未设置的三维效果

16.2　布置相机和创建鸟瞰图

16.2.1　布置相机

在 1F 平面视图中，在"视图"选项卡"创建"面板"三维视图"下拉菜单中单击"相机"按钮，其"偏移"默认为 1 750，近似于成人视角，如有需要可以对其进行修改。

将鼠标光标放到视点所在的位置单击确认，然后拖动鼠标朝向视野一侧，再次单击完成相机的放置，如图 16-5 所示。

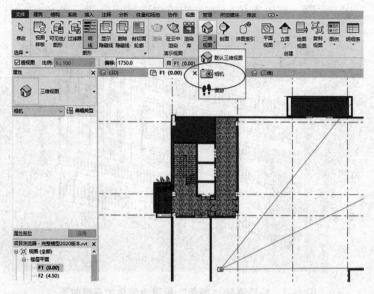

图 16-5　相机的放置

放置好的相机会自动转向设置的相机视角。然后选择所需要的视图样式，这里选择为"真实"。拖动图 16-6 中圆圈里的蓝色点可以扩大和缩小相机视图。在相机视图中按住 Shift 键＋鼠标滚轮不放并拖动，可以调节视线的角度。

图 16-6　相机视角的设置

16.2.2 创建鸟瞰图的步骤

鸟瞰图是从高空处俯瞰项目的全景图。

第一步：设置相机

首先在"屋顶标高"楼层平面图中，利用 16.2.1 中的方法在合理位置布置一个相机。按住 Shift 键 + 鼠标滚轮不放并拖动，可以调整相机的角度。

第二步：调整相机的高度

此时创建的相机是一个水平面的普通视图，必须调整相机的高度，使其往上提升并高于屋顶。布置完相机后系统会自动将视图切换到相机视图。单击视图边框选中相机，在项目浏览器中打开南立面视图，就可以在立面视图中看到刚布置的相机，然后在该立面往上调整相机的高度至合适处，如图 16-7 所示。

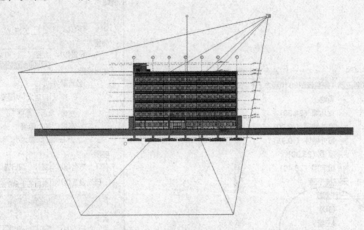

图 16-7 相机高度的设置

最后的鸟瞰图效果如图 16-8 所示。

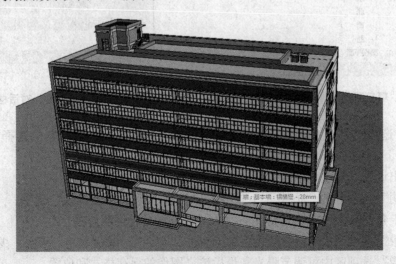

图 16-8 鸟瞰图的三维效果

16.3 渲染视图的设计步骤

第一步：进入三维视图

Revit 2020 软件必须在项目浏览器的三维视图中才能进行渲染。所以，首先要进入软件的三维视图。如图 16-9 所示，圆圈中的"｛3D｝"和"｛三维｝"是项目自带的三维视图；而"三维视图 1""三维视图 2""三维视图 3"是用户自定义后保存的三维视图。

第二步：进行渲染设置

在"视图"选项卡"图形"面板中，单击"渲染"按钮，会弹出如图 16-10 所示的"渲染"对话框。

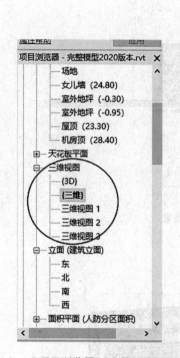

图 16-9 "项目浏览器"中的三维视图选择

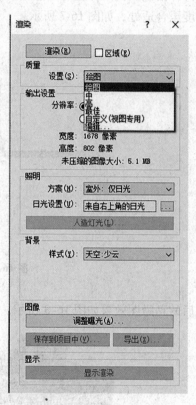

图 16-10 "渲染"对话框

"质量"选项区用于调节渲染出图的质量，在"设置"下拉列表中选择相应的渲染标准。

在"输出设置"选项区中调节渲染图像的"分辨率"。

在"照明"选项区的"方案"下拉列表中选择"室外：仅日光"选项；"日光设置"为"来自右上角的日光"。"人造灯光"指人为添加的各种照明灯具。

在"背景"选项区中可以设置视图中天空的"样式"，默认为为"天空：少云"。

在"图像"选项区中可调节曝光和最后渲染图像的保存格式和位置。

要添加"人造光"时，需要在建筑中载入相应的照明设备，以添加一盏路灯为例，创建路灯的操作详见 13.5。在"照明"选项区的"方案"下拉列表中选择"室内：日光和人造光"，单击"人造灯光"可以对已布置的灯具开关进行设置。选择任意一个照明设备，单击"属性"面板的"编辑类型"按钮，系统弹出"类型属性"对话框，在"类型属性"对话框中，可以查看或编辑光源"光域"，如图 16-11 所示。通常，每个照明设备族只有一个光源。对于每个光源，可以指定灯光图元的形状（点、线、矩形或圆形）和光线分布（球形、半球形、聚光灯或光域网）。另外，还可以设定光域特性，如"光损失系数""初始亮度"和"初始颜色"。同时，还可以通过调整灯具光源的位置和亮度来获得所需的照明效果。

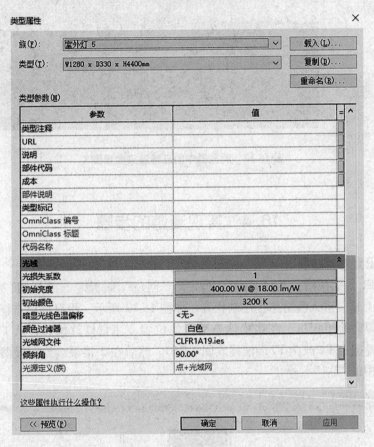

图 16-11　"类型属性"对话框的"光域"设置

小技巧：（1）渲染的质量越好，需要渲染的时间就越长，所以，不要盲目追求高质量的渲染效果，而要根据真实需求，选择合适的渲染质量。

（2）通常，每个照明设备族只有一个光源。如果需要使用多个光源的照明设备（如枝形吊灯或一组轨道灯），则需创建一个灯具嵌套族来实现多光源灯具。

第三步：导出或保存渲染图

所有参数设置完成后，单击"渲染"按钮，系统进入渲染程序。根据渲染质量不同，渲染过程所需等待的时间不同。渲染完成后单击"导出"命令，在弹出的对话框中设置图像的保存格式和存放位置。如果单击"保存到项目中"，则会在浏览器中生成一个图 16-12 的渲染文件。

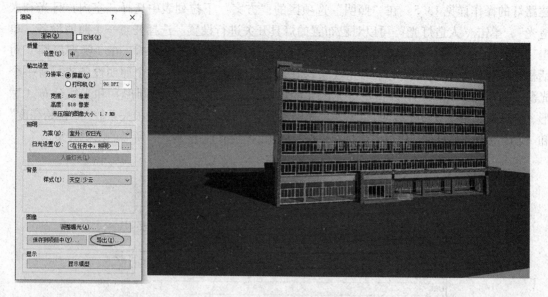

图 16-12　浏览器中的三维渲染效果图

16.4　实现漫游的步骤

第一步：设置漫游路径

进入标高 F1 平面视图，在"视图"选项卡"创建"面板"三维视图"的下拉列表中单击"漫游"工具，进入漫游路径绘制状态。如图 16-13 所示，用鼠标单击任何一个位置则生成一个可以调整的照相机，在楼梯休息平台的位置，注意修改偏移，从 1 750 到 3 400，再上二楼的位置把自 F1 改为 F2，偏移改回 1 750。然后在 2 楼继续绘制漫游轨迹。完成后单击"模式"中的"√"。

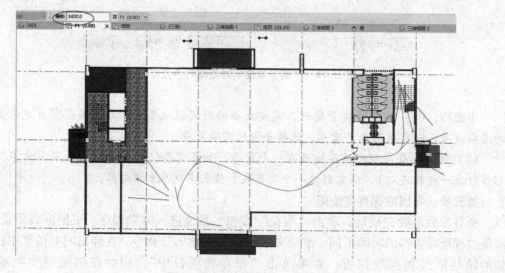

图 16-13　漫游路径的设置

第二步：调整相机的参数

单击"编辑漫游"，可以调整刚才放置的照相机参数，如位置、调度和深度。这里需要注意的是，之前编辑漫游每次需要单击鼠标左键的位置才会出现可以修改的照相机。如图 16-14 所示，红色的点是可以调整相机位置的点，拖动照相机到各个红点调整位置，图中的圈 1 可以调整视图的角度，圈 2 可以调整视图的深度。

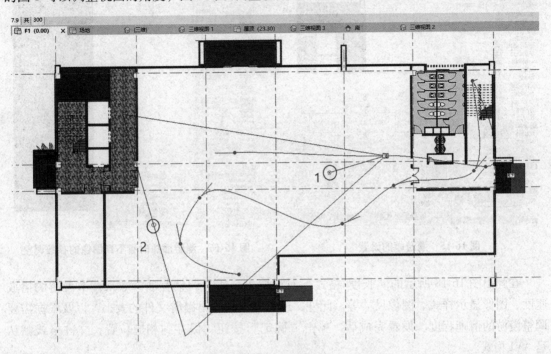

图 16-14　漫游中相机的视角和深度设置

第三步：设置"漫游帧"

漫游路径及相机参数编辑完成后，执行"编辑漫游"命令时，系统会默认从最后一个关键帧开始编辑，所以，每调整完一个关键帧后都要单击"编辑漫游"面板中的"下一关键帧"按钮才能进入下一个关键帧相机视图的调整。编辑完所有关键帧后打开漫游实例"属性"面板，单击"漫游帧"按钮，系统弹出"漫游帧"对话框，通过调整"总帧数"等数据来调节创建漫游的快慢，单击"确定"按钮退出"漫游帧"对话框，如图 16-15 所示。

第四步：播放漫游

切换到漫游视图，单击"编辑漫游"，选择开始的帧数，通常为 1。单击"播放"，就可以看到沿着自己设定路径的漫游了。

小技巧：如果在漫游播放中看不到图像，则需要单击"编辑漫游"重新设置，将"帧"改为"1.0"开始，"视图样式"改为真实，如图 16-16 所示。这 300 帧漫游实际上是由 300 个三维视图组成的，所以，对任意帧三维视图仍然可以完成上面的渲染操作。

第五步：导出漫游

选择"文件"→"导出"→"图像和动画"→"漫游"，如图 16-17 所示。

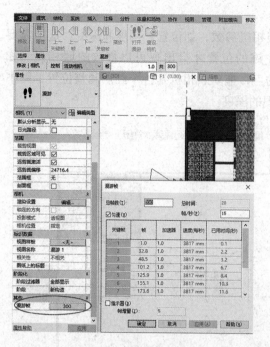

图 16-15　漫游帧的设置

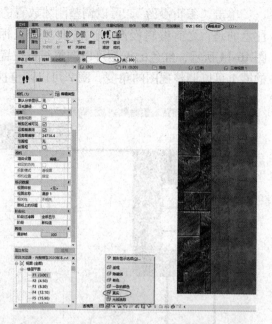

图 16-16　漫游播放时看不到图像的参数调整

　　在弹出图 16-18 所示的"长度/格式"对话框中，通过调整各项参数来调节漫游的播放速度、图像显示样式、图像尺寸等。此外，还可以控制导出漫游文件的大小，以及根据需要调整漫游的清晰程度。设置完成后，单击"确定"按钮，保存到相应位置，文件格式默认是 AVI 格式。

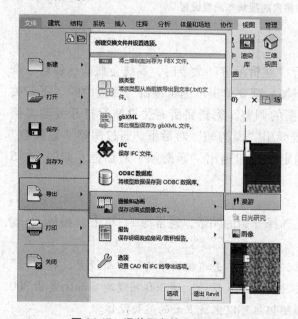

图 16-17　漫游导出的文件选择

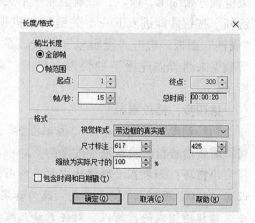

图 16-18　漫游"长度/格式"的设置

小技巧：导出的 AVI 格式漫游默认的视觉样式为"带边框的真实感"，编辑视觉样式可以"渲染"，则输出的视频文件都带渲染效果。

16.5　多种格式的导出方法

为了满足不同的使用需要，Revit 2020 软件能够将模型导出为 CAD 格式、DWF 格式和 ODBC 数据库，将漫游生成图像导出为视频格式文件，如图 16-19 所示。

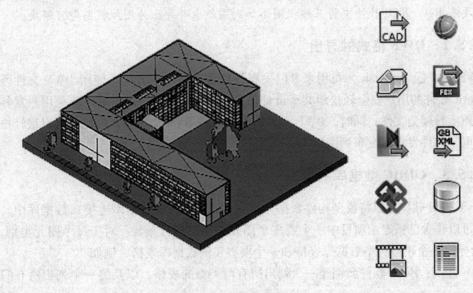

图 16-19　多种格式的导出

16.5.1　CAD 格式的导出

Revit 2020 软件可以导出如下的不同 CAD 格式：

（1）DWG（绘图）格式是 AutoCAD © 和其他 CAD 应用程序所支持的格式。

（2）DXF（数据传输）是一种许多 CAD 应用程序都支持的开放格式。DXF 文件是描述二维图形的文本文件。由于文本没有经过编码或压缩，因此，DXF 文件通常很大。如果将 DXF 用于三维图形，则需要执行某些清理操作，以便正确显示图形。

（3）DGN 是 Bentley Systems，Inc. 的 MicroStation 所支持的文件格式。

（4）SAT 格式适用于 ACIS，是一种受许多 CAD 应用程序支持的实体建模技术。

如果在三维视图中直接使用其中的一种导出工具，则 Revit 2020 软件会导出实际的三维模型。

导出 Revit 模型之前，需要解决以下问题：

（1）参照限制数量来减少要导出模型的几何图形数量。

（2）参照图层映的要求来创建或修改图层映射，以确保存储在 Revit 软件类别和子类别中的所有项目信息都导出到适当的 CAD 图层。

（3）调整视图比例以控制精确度/性能比。

导出格式为二维 DWG 或 DXF 时，可以导出模型的比例二维视图。应用的视图比例确定导出视图时需要考虑的因素，是精确度还是性能。例如，模型包含 2 条线（相距 1/4"）时，如果视图比例为 100，则这些线将被视为在允差范围之内，导出的 DWG 只包含一条线（导出时考虑性能）。如果视图比例为 20，则导出的 DWG 将包含两条单独的线（导出时考虑精确度）。

小技巧：如果需要将三维模型导出为模型的平面二维表示，以便在 AutoCAD 中打开应用，只要在 Revit 2020 软件中将三维视图添加到图纸中并导出为图纸视图即可解决。

16.5.2　DWF 格式的导出

DWF 格式是 Autodesk 公司用来专门发布设计数据的便利方法。使用 DWF 文件可以让没有 Revit 软件的用户安全轻松地共享设计信息；使用 DWF 格式，可以避免用户意外修改和破坏原项目模型文件；同时，DWF 文件明显比原始 RVT 文件小，因此，可以很轻松地将其通过电子邮件发送或发布到网站上。

16.5.3　ODBC 数据库的导出

Revit 2020 软件可以将模型构件数据导出到 ODBC（开发数据库连接）数据库中。导出的数据可以包含已指定给项目中一个或多个图元类别的项目参数。对于每个图元类别，Revit 都会导出一个模型类型数据库表格和一个模型实例数据库表格，例如：

（1）建筑：Revit 软件会创建一个列出所有门类型的表格，以及另一个列出所有门实例的表格。

（2）结构工程：Revit 软件会创建一个列出所有结构柱类型的表格，以及另一个列出所有结构柱实例的表格。

（3）系统工程：Revit 软件会创建一个列出所有照明装置类型的表格，以及另一个列出所有照明装置实例的表格。

Revit 软件可以多次导出到同一数据库中。当导出到空数据库中时，Revit 软件会创建新表格。当将项目导出到非空数据库中时，Revit 软件会更新表格信息以匹配项目。Revit 软件允许用户自定义数据库，并当项目发生变化时重新导出数据。

小技巧：ODBC 导出仅使用公制单位。如果项目使用英制单位，则 Revit 软件将在导出到 ODBC 前把所有测量单位转换为公制单位。使用生成的数据库中的数据时，请记住测量单位将反映公制单位。如果需要，可以使用数据库函数将测量单位转换回英制单位。

16.6　IFC 格式的导出

IFC 格式是用于定义建筑信息可扩展的统一数据格式，以便在建筑、工程和施工软件应用程序间进行数据交互。Revit 2020 软件可以在"文件"的"导出"选项卡中，单击"IFC"选项，并选择需要的 IFC 版本，就可以直接将模型导出为 IFC 格式。

小技巧：Revit 软件的高版本可以直接打开低版本文件，打开时软件会对 RVT 格式文件自动升级，注意及时保存。反之则不行，需要通过 IFC 格式的转换来实现。如在 Revit 2020 软件保存的 RVT 格式文件无法在 Revit 2014 软件直接打开，但是 Revit 2020 软件导出的 IFC 文件可以在 Revit 2014 软件中导入。

课后练习

一、上机实训题

1. 根据图 16-20 所示的参数设置，保存东面、南面由下往上的视角，并进行渲染。

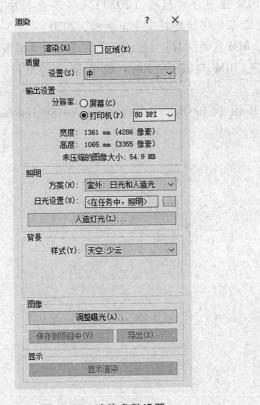

图 16-20　渲染参数设置

2. 设置 1F～2F 的漫游，1F 设置 3 个漫游控制点，2F 设置 3 个漫游控制点，注意 1F 上 2F 时调整相机标高为 4 100。

二、思考题

1. 设置构件材质时，图形和外观两种显示方式有何不同？

2. 编辑漫游时，需要设置相机的哪些参数？

三、项目综合题

1. 打开已经完成的项目模型，利用相机命令，选择东北、西南的鸟瞰图。

2. 编辑一段 3 分钟的项目漫游动画。

将项目模型导出为"＊.DWG"格式文件。

参 考 文 献

［1］《中国建筑业 BIM 应用分析报告（2020）》编委会. 中国建筑业 BIM 应用分析报告（2020）［M］. 北京：中国建筑工业出版社，2020.

［2］黄兰，马惠香. BIM 应用［M］. 北京：北京理工大学出版社，2018.

［3］高恒聚，杨圣飞. BIM 建模——Revit 建筑设计［M］. 西安：西安交通大学出版社，2017.

［4］易筑土木在线 Revit［EB/OL］. https://www.co188.com/tag/12960.html.